会讲故事的经济学

果果屋开张啦

羊东 著　图德艺术 绘

新华出版社

在云端的南方，金沙河环绕着桃花岛流过，普洱村和柑橘村依偎在桃花岛两边。这里就像传说中的世外桃源，大家过着自给自足的生活，与外面世界的联系不多。直到有一天，变化悄悄地发生了……

柑橘村

清晨的阳光洒满柑橘村，和往常一样，象朵朵去树林享受一天之中重要又美好的早餐时光。香蕉和甜橙是她的最爱，为她的身体注入活力。

象朵朵坐在老地方，她屏住气，耐心地剥开一只只香蕉、一颗颗甜橙……她剥得非常慢，慢到香甜的水果还来不及放进嘴里，味道先顺着长鼻子进了肚子。

突然，象朵朵感觉头上有动静，原来是猴跳跳！他正在上蹿下跳地摘水果。

猴跳跳满头大汗，累得气喘吁吁："唉，累得我都不想吃东西了。"

“我摘了不少，但剥得慢，你先吃我的好了！”象朵朵有自己的苦恼，“你摘得慢，但剥皮比我快太多了。”

猴跳跳听了灵机一动："嘿，我怎么早没碰到你呢？咱俩配合一下，就都能美美地吃水果大餐了。"

对呀，象朵朵的长鼻子方便采摘树上的水果，而猴跳跳手脚灵活，剥起果皮来又快又好。

他们各自负责擅长的活儿，就都不会饿肚子，更不会着急了。

于是，他们俩约好第二天再一起吃水果大餐。
真的会如他们所愿吗？

第二天清晨，阳光再次洒满柑橘村，象朵朵和猴跳跳踩着阳光来到约好的地方。

他们分工协作，象朵朵发挥长鼻子的优势，采摘水果又快又准；猴跳跳眼疾手快，水果被他三下五除二剥下皮。他先往象朵朵嘴里塞了一个，然后自己吃了一个……

就这样，他们一个采摘一个剥皮，配合默契，别提多开心了。

结果，今天准备早餐花的时间比平时节约了一大半。象朵朵和猴跳跳的肚子被撑得鼓鼓的，他们开心地躺在树下聊天。

猴跳跳提议："朵朵，以后咱们搭伙吧！像今天这样，花最少的力气吃到最好的早餐。"

让猴跳跳意外的是，象朵朵并没有响应这个提议，反而陷入了沉思。“你在想什么呢？”猴跳跳是急性子，有话藏不住，“喂，朵朵，听见我说话了吗？”

象朵朵像突然醒了一样，用长鼻子卷起猴跳跳：“不如咱们一起卖果汁！”

“这和咱们一起吃早餐有什么关系？”猴跳跳有些摸不着头脑。

“当然有关系了！”原来，朵朵在跳跳的启发下，想出了一个绝妙的主意。每天，她负责采摘水果，跳跳负责剥皮，然后他们一起把水果加工成果汁饮料，例如可以把很多种水果混合起来，还可以在果汁里加牛奶、加茶……

“这样一来，咱们不但能一起吃早餐，还能一起工作。”猴跳跳高兴得要蹦上天啦！

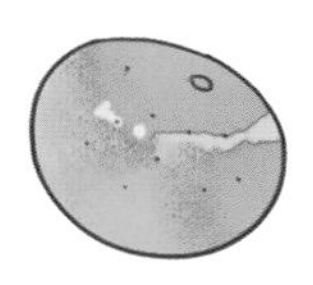

“但是……”朵朵想到一个问题，“柑橘村的老老少少每天都能吃到新鲜水果，谁会来买果汁喝呢？如果开了店没有顾客来，那为什么要开呢？”

跳跳的想法正相反：“你反过来想，如果不是咱们俩配合，怎么能使吃水果这么省力呢？其实，别人也希望享受便利，不用自己动手也不必花费时间，就能喝到营养美味的果汁。不是吗？”

说干就干，两个伙伴开始商量店面的大小、装修的风格、需要采购的材料、果汁的营养配方、如何合理定价……好多事情需要提前筹划，前面想得越仔细，后面执行才会越少出错。

他们分工明确，朵朵主动承担了店里的采购任务，跳跳负责装修。

从白天到黑夜，他们忙得不亦乐乎，小小的梦想在他们的努力下慢慢有了样子。

朵朵和跳跳按照计划行动，每天都在朝着目标前进。终于，他们的梦想成真——柑橘村第一家饮品店果果屋建成了。

正式营业前，象朵朵和猴跳跳准备好宣传单，带着做好的果汁到村子里转了一圈，请大家品尝并提意见。猴跳跳还排演了水果木偶剧，全力为开店做宣传。

果果屋正式开业了！“买一送一”的店庆活动很有吸引力，只要自己买一杯，就能请朋友或家人免费喝一杯，谁不动心呢？

果果屋

普洱村

柑橘村
果果屋

知识银行

猴跳跳和象朵朵通过互相帮助，发挥了他们各自在准备早餐过程中的优势，大大提高了准备早餐的效率。他俩更进一步，合伙开了果果屋，满足了更多村民的需求。

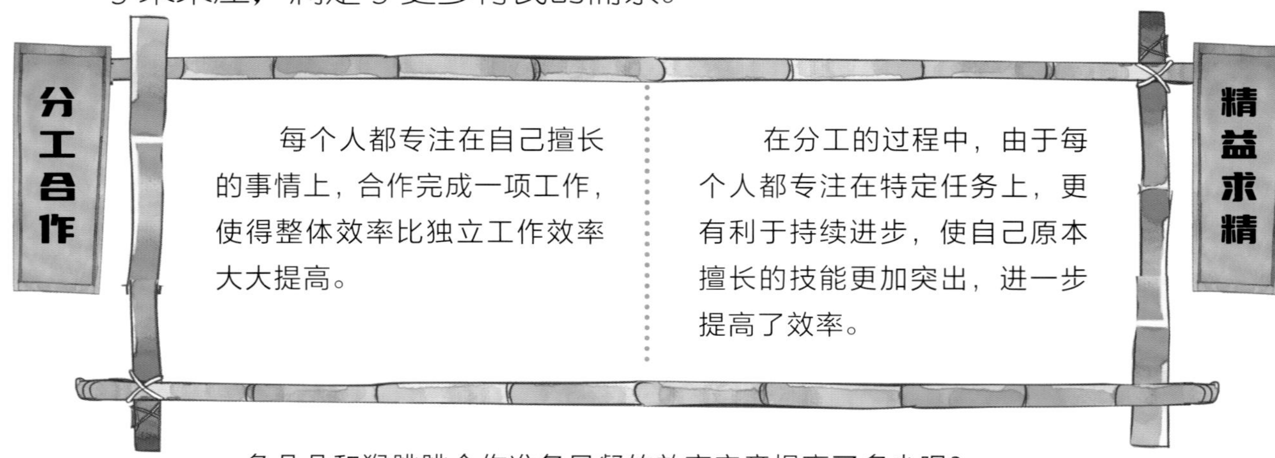

分工合作

每个人都专注在自己擅长的事情上，合作完成一项工作，使得整体效率比独立工作效率大大提高。

精益求精

在分工的过程中，由于每个人都专注在特定任务上，更有利于持续进步，使自己原本擅长的技能更加突出，进一步提高了效率。

象朵朵和猴跳跳合作准备早餐的效率究竟提高了多少呢？

假设象朵朵摘 1 份水果需要 1 分钟，剥果皮需要 5 分钟，那么，她独自准备 1 份水果早餐用时 6 分钟。如右图所示：

假设猴跳跳摘 1 份水果需要 5 分钟，剥果皮需要 2 分钟，那么，他独自准备 1 份水果早餐用时 7 分钟。如右图所示：

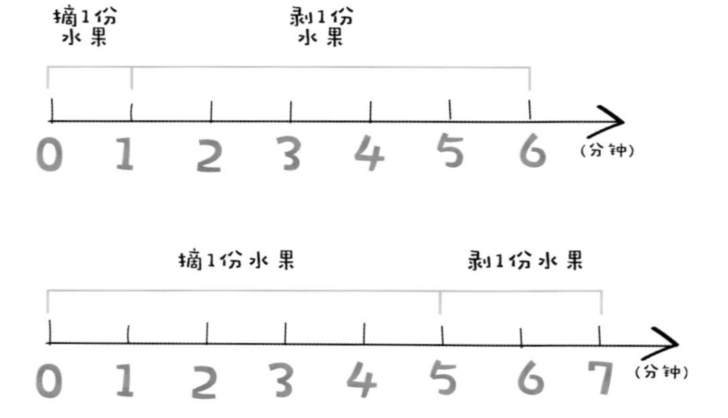

如果象朵朵和猴跳跳分工合作，他们将会在 5 分钟内完成 2 份水果早餐的准备工作，同时，象朵朵和猴跳跳还会分别有 3 分钟和 1 分钟的空余时间做其他的事情。如右图所示：

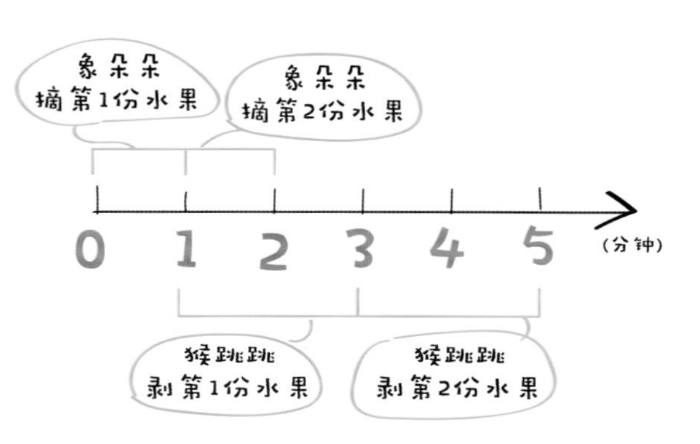

会讲故事的经济学

快餐店的秘密

羊东 著　图德艺术 绘

不在饭点儿
也能尽快
填饱肚子吗？

新华出版社

泼水节是普洱村人气最高的节日，清澈的泉水飞扬在空中再落下来，就像有魔力一样，让所有人都开怀大笑起来。

猪古立和虎小哈玩儿得不亦乐乎，一直玩儿到天黑都不想回家。

狂欢后的第二天，猪古立被自己肚子的咕噜声叫醒了。

家里实在找不出吃的来，可让他大失所望的是饭馆还没开门。时间过得好慢啊！

唉，可怜的猪古立饿得打起盹儿来，也许在梦里他能大吃一顿。这时候，虎小哈气呼呼地坐下来，猪古立瞬间清醒了。

虎小哈抱怨道：“好饿啊，什么时候能吃上饭？”猪古立挠挠头，想自己该怎么回答这个问题。

猪古立开导起虎小哈来："耐心等等吧。你想想，假如你开家饭馆，有多少工作等着做：天没亮就要去买菜，然后做开店前的准备——洗菜、配菜……"

“开店了要招呼顾客、下单、上菜……关门后还不能休息，需要清扫，为第二天做准备……”

说着说着，猪古立灵机一动：“开饭馆为什么不能简单点儿，客人来吃饭就像在商店里买东西一样，选好菜品马上吃……”

虎小哈知道做饭有多难，他按住猪古立讲道理：“你知道做一道菜要花多少时间吗？更不用说好吃的菜了。”猪古立吓得战战兢兢，不过他有办法：“做简餐就能省不少时间。”

虎小哈也动心了："对啊，好像也不是完全不可能。这种简单又快捷的饭馆在哪儿？"猪古立小声说："在我的脑袋里。"

虎小哈和猪古立开始认真想起来。

“每道菜从头开始做不可能简单，更不可能快。”

“可是如果做好了再加热，大多数饭菜又不好吃了！”

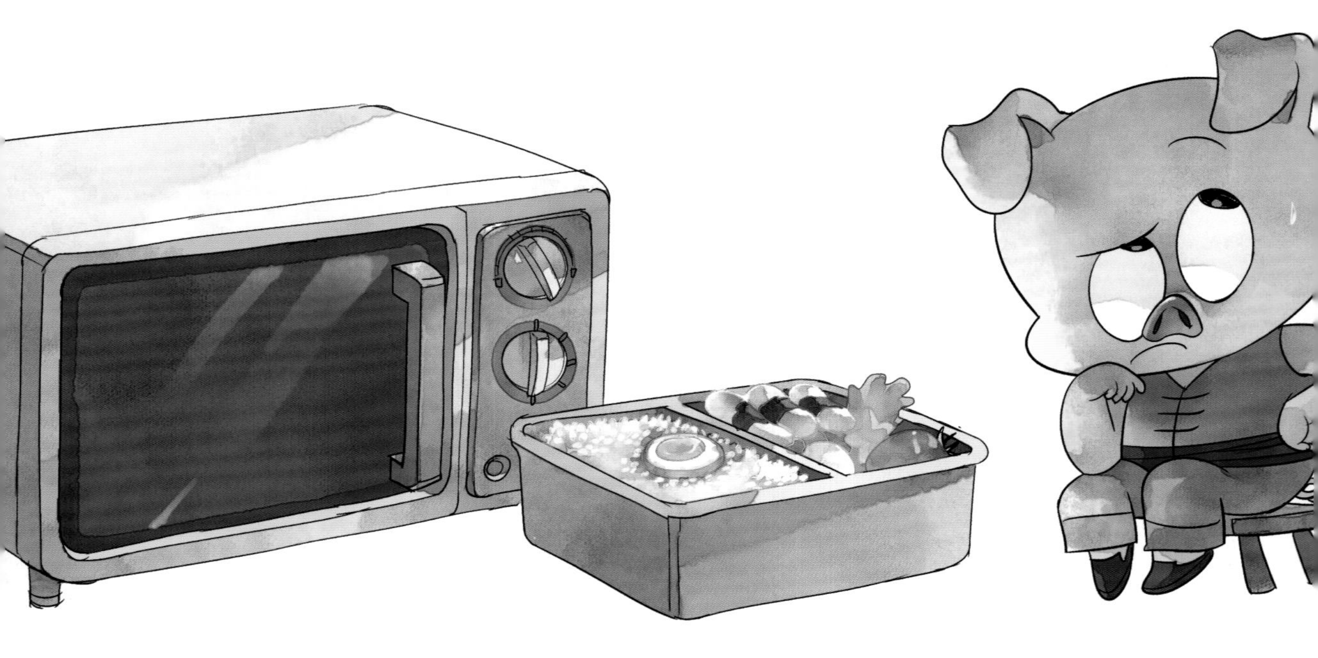

“是不是可以把饭菜预先准备……”看到店老板过来，虎小哈立即捂住猪古立的嘴，这可是商业机密，不能随便泄露。

等店老板走了，猪古立接着说：“……做成半成品，在饭馆里只做简单的加工，这样饭菜不仅做得快，还好吃。”猪古立脑袋里的快餐店渐渐成型了。虎小哈听完兴奋得一掌拍下去，猪古立刚喝下的茶水又喷了出来。

“嘿，也许还真是个办法！”虎小哈感觉又快又好吃的饭就在嘴边了。猪古立面对虎小哈的肯定，心里还是怕怕的。虎小哈问：“但是，什么样的饭菜经得起加工呢？”

这难不倒猪古立，从他的脑袋里跑出来好多好吃的：“薯条、水饺、生煎包都可以先做好了再加热！蔬菜汤和炒面也很容易加热。”

“客人自己点餐、取餐，付完钱自己把餐食端到座位上享用，用餐完毕再把餐盘送到指定的地方。一条龙自助就餐，能节约不少时间。”这样一想，虎小哈越来越有信心了。

“哈哈，这样的话，想吃饭的时候就不用等了！”猪古立的信心也越来越足。

说了这么多，猪古立和虎小哈不饿了，他们开始筹备开快餐店需要的东西了。

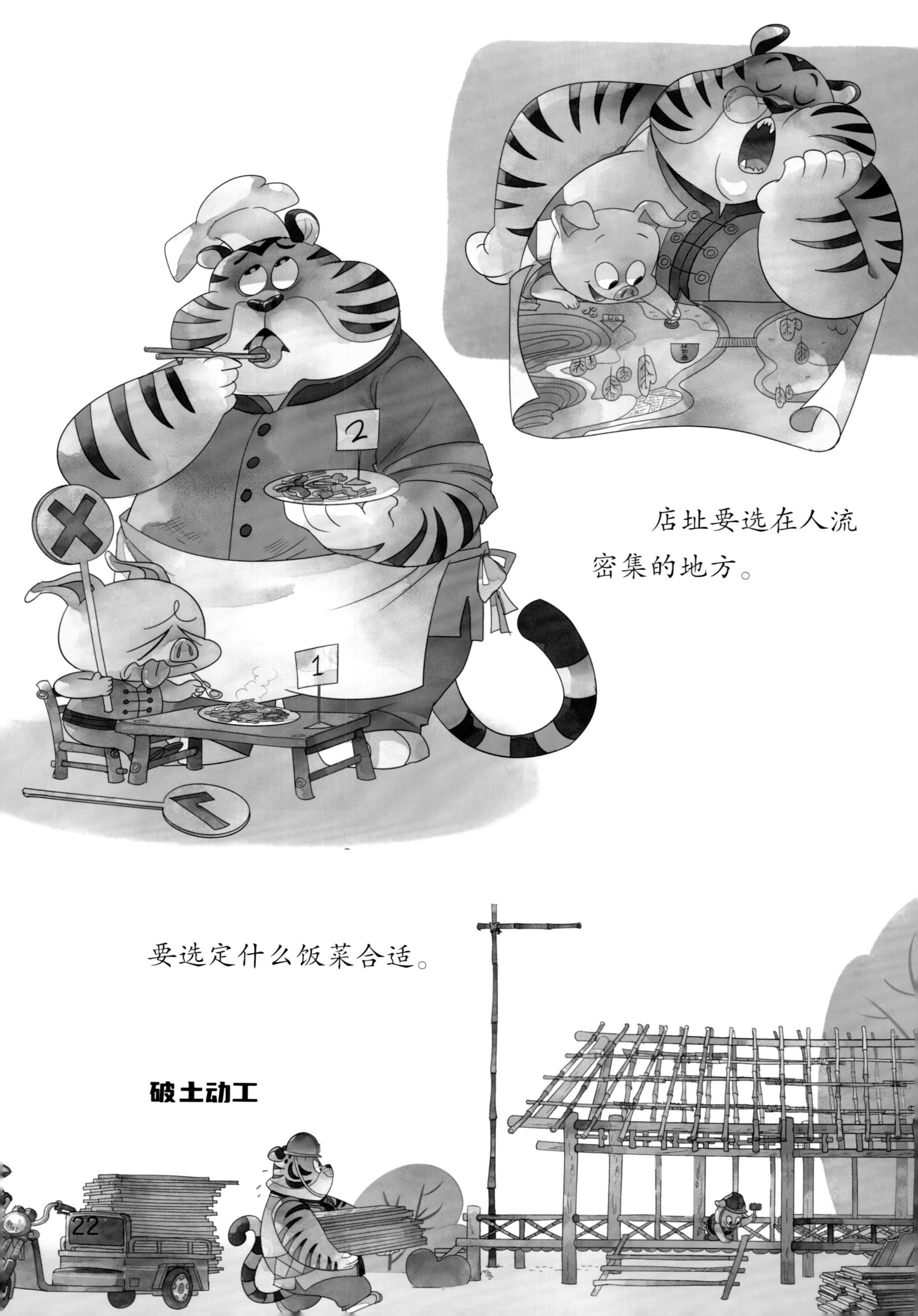

店址要选在人流密集的地方。

要选定什么饭菜合适。

破土动工

每一样都要精打细算，列一个清单，逐项完成效率高。

终于到了快餐店开张的这天，生意怎么样呢？由于猪古立他们为了新店开张提前发了宣传单，所以这一天，村民们都来了。

100c

大家还没见过这样的饭馆，都抱着好奇心来试试。

DD

经过系统改造，快餐店满足了顾客的需求，真的做到了“简单好吃，快捷便利，卫生干净，价格实惠”。就这样，美美快餐店生意兴隆，迅速受到了大家的欢迎。

普洱村

柑橘村
果果屋

虎小哈和猪古立通过自身经历发现了客人用餐中的不同需求，对传统餐厅的服务过程进行了改造，大大加快了为顾客供餐的速度。

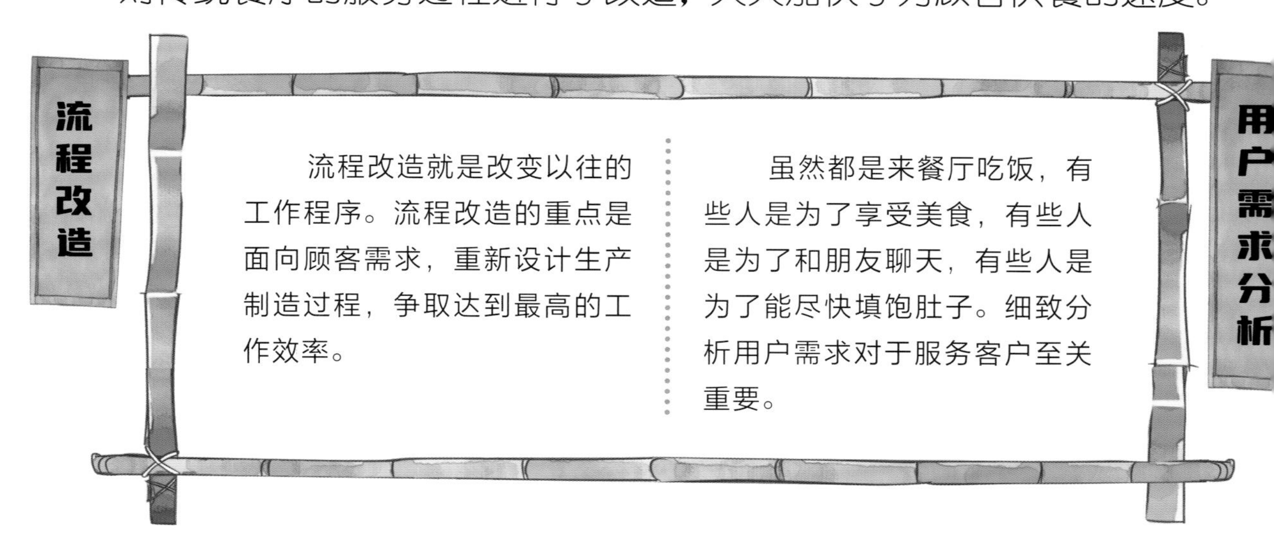

流程改造

流程改造就是改变以往的工作程序。流程改造的重点是面向顾客需求，重新设计生产制造过程，争取达到最高的工作效率。

用户需求分析

虽然都是来餐厅吃饭，有些人是为了享受美食，有些人是为了和朋友聊天，有些人是为了能尽快填饱肚子。细致分析用户需求对于服务客户至关重要。

一般来说，传统餐厅向顾客提供一份完整用餐服务的时间比快餐厅要多。（下图所示仅供参考）

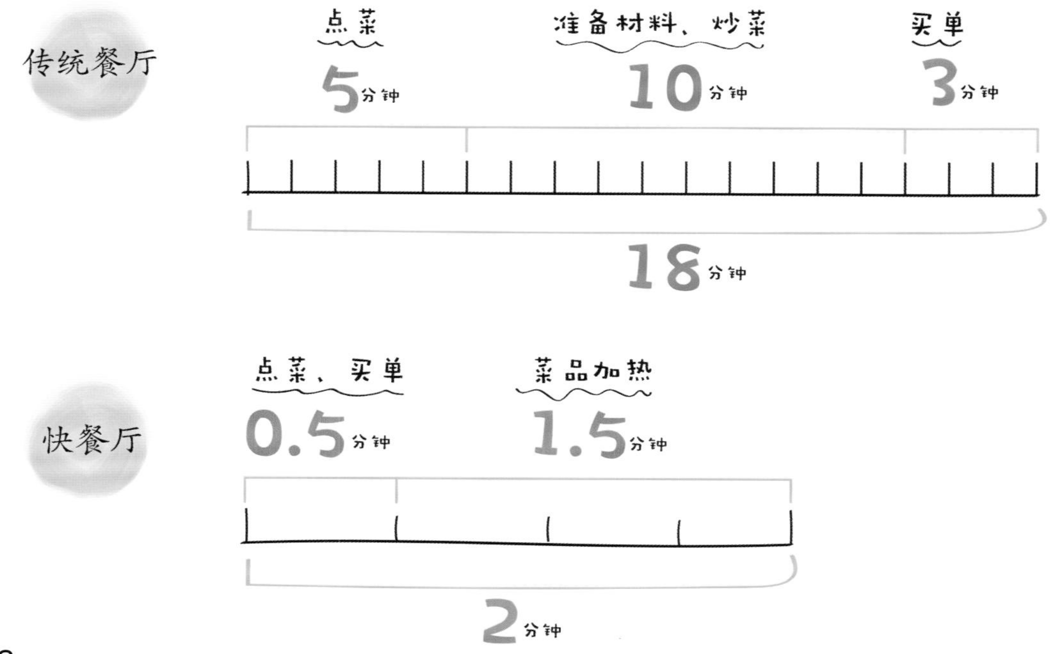

会讲故事的经济学

熊猫阿珊开集市

羊东 著　图德艺术 绘

新华出版社

在桃花岛上可以看到普洱村和柑橘村，熊猫阿珊一家三口开心地定居在岛上。

岛上有两座木桥，分别与普洱村和柑橘村相连。阿珊一家经常为来往的村民提供帮助，比如天热的时候，他们会为过路行人端茶倒水；当村民遇到困难，阿珊一家总是第一时间出手相助。

正因为桃花岛得天独厚的地理位置，岛上的空地成了两个村子举办大小活动的主要场地。平时村民也会把自家做的吃的、用的拿到空地摆摊，大家互通有无，其乐融融。

渐渐地，来桃花岛摆摊的村民越来越多，卖菜的、卖鱼的、卖水果的……吃的、用的都有。热闹是热闹了，收摊后的场景也很“热闹”。

欢声笑语散去后，也散落一地无人打扫的垃圾。阿珊一家把桃花岛当作家一样爱护，每天看到这样的场景，他们心里很不是滋味。

像往常一样，虎小哈、象朵朵、猪古立和猴跳跳几个留下来帮忙打扫空地。

面对阿珊的感谢，猴跳跳和猪古立有些不好意思：“嘻嘻，这些垃圾里也有我们的‘贡献’呢！”

有件事阿珊想了很久，今天攒够了勇气终于说出来：“我想在这儿开个集市。”

“集市不是公益的，我会收取摊位费，通过管理，为买卖双方提供服务，例如整洁的环境、规范的交易规则……你们看能行吗？”阿珊想听听大家的意见。

“好棒！”象朵朵第一个表示赞同，“集市解决了两个村子买卖不方便的大问题。”

“赶紧干起来吧！”猴跳跳心最急，“我有好多朋友想摆摊呢。”

阿珊的主意两全其美，集市既能促进两村之间的交流往来，也能留住桃花岛的美丽。

在阿珊家的竹林小院，大家各抒己见，热烈地讨论起来。

“名字我想好了，就叫大诚集市。想法很简单，希望大家坦诚相待,诚信互助。这样买卖才能长久。”阿珊的提议得到朋友们的一致赞同。

开个集市要准备什么呢？首先要平整路面，以前的土路不利于清扫；然后要划分经营区域，吃的和用的分开……阿珊画了一张图纸，方便大家提建议。

“百货区、果蔬区、餐饮区……各个区域用通道隔开。”猪古立和象朵朵用小石子来表示摊位的位置。

“提前发招租海报，这样能预估出要准备多少摊位。”虎小哈补充道。

“集市要设一个服务站，维持秩序、防火防盗……应对可能发生的突发情况。”猪古立比较谨慎。

“大家的建议我都记在本子上了。”果果屋的老板猴跳跳已经很有经验了，他把自己的会议记录交给阿珊。

“集体的智慧就是强大。”阿珊又想到一个主意，“你们愿意做大诚集市的股东吗？”

“当然愿意！”猪古立第一个响应，“你当大股东，出一半的钱；我们几个当小股东，分摊另一半的钱。”

阿珊真高兴有这么多朋友支持，她说：“修路、建市场、制定管理条例……我没想到的你们都帮我想到了。”大家越说越开心，举杯庆祝。

“我还想到一个招商的办法：集市开市免半年租金，吸引摊主入驻，给集市提升人气。你们觉得怎么样？”阿珊继续征求朋友的意见。

“太好了！这样能鼓励摊主多做促销活动，吸引客流。”猪古立补充道。

“我们分头去发传单，先报名的商户免 6 个月租金，再优惠 6 个月租金以便于调动大家的积极性。”象朵朵开始布置任务了。

“我们的果果屋能在集市里开分店吗？”猴跳跳觉得集市有很大的商机。

“还有我们的美美快餐店。”虎小哈和猪古立紧跟着问。

“我们的租金要优惠！”大家异口同声，哈哈大笑起来。

列好准备事项的清单，大家有条不紊、按部就班地为集市忙碌起来。阿珊带头整修路面……

猪古立和虎小哈负责宣传推广。虎小哈的大嗓门把开集的消息传到每个角落，猪古立为前来开设摊位的商户登记。

来登记的村民络绎不绝，大诚集市满足了村民们自产自销的需求，丰富了两个村子的生活，受到了村民们的热烈拥护。

根据猪古立统计的结果，阿珊划分了区域，给摊位做了更精细的规划，接下来的工作就要细致到每个摊位的确认。三宝跟着妈妈看着集市一天天建起来，学到了不少东西。

签订协议的摊主开始布置自家的摊位。

集市的工作人员准备就绪，保洁员和保安员已经到岗。

大
诚

大诚集市开市了！集市井然有序，阿珊站在门口迎来送往，看着来往的顾客和热情的摊主，她心里甜滋滋的，涌出小小的成就感。

三宝来找小熊迪仔玩，两个孩子有件事没明白："为什么水果、蔬菜的摊位在集市的最后面？"

"平时来买菜的最多，前面卖百货，后面卖果蔬，这样可以分散客流。"隔壁摊位的猿伯伯边回答边送给他们两个大苹果。

果然，合理的布局确实重要，不但能保证集市的货品品类丰富，而且客流再多也能被有效疏散。真的是卖得舒心，买得开心。

大诚集市不负众望，在桃花岛上开得红红火火。

美美
普洱村

柑橘村
果果屋

知识银行

桃花岛的大诚集市从无到有，熊猫阿珊在朋友们的帮助下创建集市，优化集市的布局，美化集市的环境，吸引了更多村民前来购物。更多的顾客又吸引了更多商贩，市场得到进一步繁荣。

聚集效应

更多的买家吸引更多的卖家销售商品，更多的商品又会吸引更多的买家购物。买卖双方这种相互吸引形成了聚集效应。聚集效应使得交易平台高速成长，并维持强大的生命力。京东、淘宝这样的电商网站就是聚集效应的典型代表。

平台建设

由于特殊的地理位置，大诚集市成为村民们买卖商品的天然场所。熊猫阿珊通过合理化集市布局、优化购物环境等措施，让集市对于买卖双方更具吸引力，从而提升了商户数量和租金收入，集市运营进入良性循环。

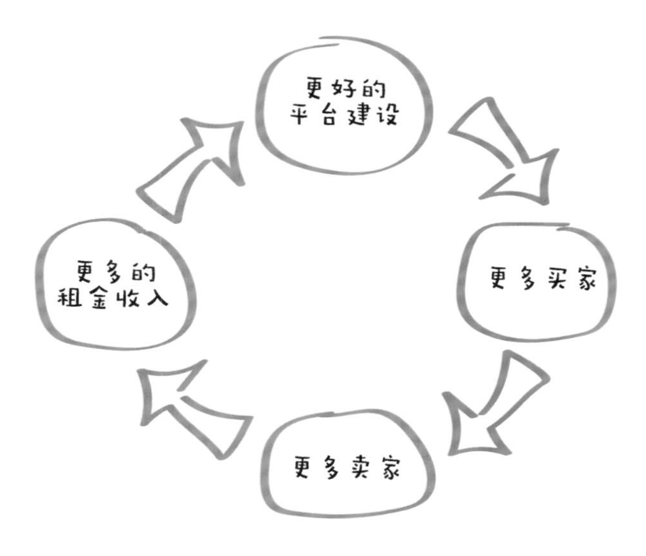

聚集效应的良性循环示意图

会讲故事的经济学

集市里的开心幼儿园

羊东 著　图德艺术 绘

新华出版社

大诚集市生意兴隆，阿珊和朋友们为自己的努力而自豪。

由于前半年不收租金，来摆摊的摊主热情高涨，集市里货品比预期的还要丰富。

大诚集

普洱村和柑橘村
当地的特产
村民自家种的蔬菜

手工民族服饰

普洱村的茶叶，柑橘村的甜橙，村民自家产的各种产品……

吃的喝的，穿的用的，应有尽有……

集市井井有条，入口的美美快餐店和果果屋提供休闲服务；大路横平竖直，摊位划分明确，既方便购物，又不至于人流过度密集。

集市还挽救了濒临失传的手艺：心灵手巧的羊婆婆的手工布鞋和熊叔祖传的手工家具在集市上大放异彩，掀起了一小股潮流。

但是，有的突发情况是阿珊他们始料未及的——

一天，野猪妈妈慌忙来求助：“快帮帮忙，我家孩子露露走丢了！”

“咱们俩分头找，我去那边，你往这边。”阿珊知道事情越紧急，头脑要越冷静。她安抚了野猪妈妈，马上开始了搜寻。

阿珊急得满头大汗，半路发现迪仔也在找露露，她赶快上前问是怎么回事。

“今天我家鱼摊收得早，我们玩捉迷藏，露露和三宝不知藏哪儿去了，我找了半天都没找到。”迪仔掩饰不住着急。

“三宝也不见了？”阿珊也沉不住气了，声音提高了八度。“万一他们跑出集市，不小心掉到河里可怎么办啊？”野猪妈妈听了大哭起来。大家也慌了神。

正当大家七嘴八舌地商量该怎么办的时候……

露露竟然从柜子里跌了出来。

“哈——欠！迪仔，你也太慢了，我们几个都等得睡着了。”原来他们几个一直躲在熊叔的柜子里面。

虚惊一场！家长们吓得心都要跳出来了。野猪妈妈和阿珊紧紧抱住自己的宝贝，激动得又哭又笑。虎小哈的孩子睡得沉沉的，他气得干瞪眼。

集市上人多物杂，小孩子自己行动容易出危险。出了这件事，阿珊意识到集市的管理是有漏洞的。

“这个问题不能拖延，得马上想对策，下午紧急召开股东大会。”阿珊当机立断。

“没问题。想想怎么管理‘熊孩子’。管孩子我有一手。”虎小哈胸有成竹。他有什么好办法？

月亮升起，集市合伙人聚在一起开会。阿珊提出了自己的担忧：“孩子们在集市里玩耍是个重大隐患，但是不能因为存在隐患，就强行禁止他们出入集市，这样不但没有解决问题，反而增加了孩子无人看管的难题。”

“还是要从大家的需求出发，想一个万全的方法，从根本上解决这个问题。”阿珊意识到了问题的严重性。象朵朵和虎小哈知道阿珊心里急，耐心地等她把话说完。

虎小哈得意地抛出自己的主意：“贴出公告，请各位家长看管好自家孩子。如发现有小孩在集市内乱跑，立即把他带到保安中心关起来，等待家长来认领。”

“这怎么行？这里又不是监狱，怎么能把孩子像囚犯一样关起来？”阿珊绝对不同意这样做。

象朵朵同意阿珊："简单粗暴的方法后患无穷。是不是可以在集市边建个游乐园，家长安心逛街，孩子开心玩耍，这样不就两全其美了？"

虎小哈听后竖起大拇指。

"确实是好主意，"阿珊受到了启发，"除了游乐园，为什么不开个幼儿园呢？"

"幼儿园？"象朵朵和虎小哈异口同声地问。

“对，我作为妈妈特别有感触。摊主忙着生意，顾不上管孩子，也顾不上吃饭。顾客想着购物，心思不在孩子身上，难免有闪失。”在这点上阿珊很有发言权。

“如果能有个幼儿园，让孩子们得到专业的看护，顾客和摊主都能安心地买和卖。”阿珊一口气说完。

“象朵朵，你在担心什么吗？”细心的阿珊注意到象朵朵若有所思。

“我……担心摊主们不愿出钱送孩子上幼儿园……”象朵朵想知道遇到这种情况该怎么办。

“有道理，”阿珊说，“反过来想，如果能帮助摊主解决后顾之忧，让他们专心做生意，不用老惦记孩子和做饭，他们的生意会做得更好，赚钱更多，算下来还是非常划算的。”

桃花岛更热闹了，开心幼儿园和游乐园开业了。幼儿园从早 8 点开到晚 8 点，为孩子提供一日三餐。

顾客可以把孩子放在游乐园，
那里安排了工作人员专门照看。

最先进入幼儿园的孩子成了最好的“广告”，越来越多的摊主愿意把孩子送进幼儿园。后来，集市以外的家长也把孩子送进了开心幼儿园。

大家都感谢大诚集市提供这样的服务。很多家长都积极来幼儿园做义工，给小朋友们讲故事，带小朋友们做运动。

开设幼儿园和游乐园后，孩子们有了享受贴心照顾和尽情玩耍的安全场所，而集市也因此减少了安全隐患，真可谓大人放心，小朋友开心。

大诚集市真正为大家着想，提供了很多细心的服务，为自己树立了口碑，生意越来越好。

普洱村

柑橘村
果果屋

知识银行

大诚集市是熊猫阿珊和朋友们一手创立起来的。当集市运营出现问题时，阿珊和朋友们通过开设游乐园和幼儿园，消除孩子们在市场内追逐打闹、不慎走失等安全隐患，解决了顾客和商贩的后顾之忧，同时也创造了新的商机。

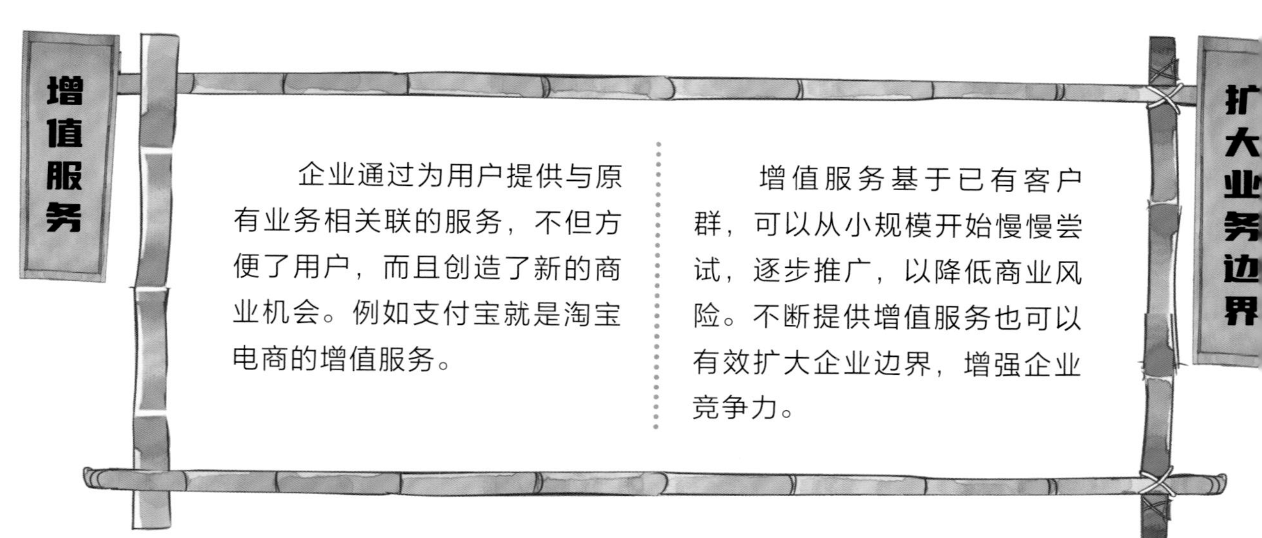

增值服务

企业通过为用户提供与原有业务相关联的服务，不但方便了用户，而且创造了新的商业机会。例如支付宝就是淘宝电商的增值服务。

扩大业务边界

增值服务基于已有客户群，可以从小规模开始慢慢尝试，逐步推广，以降低商业风险。不断提供增值服务也可以有效扩大企业边界，增强企业竞争力。

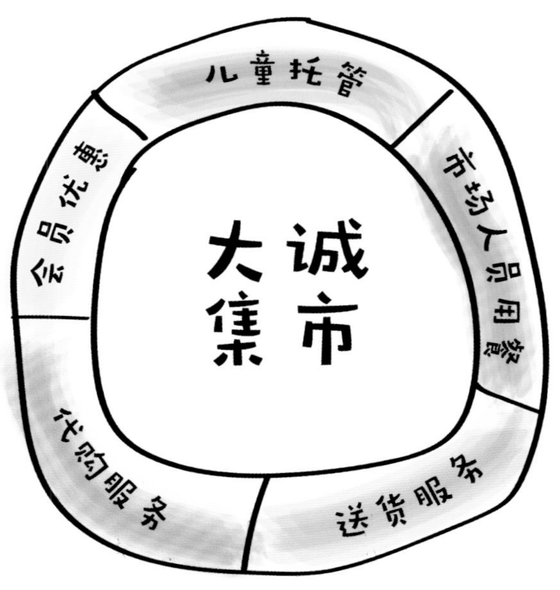

大诚集市增值服务示意图

会讲故事的经济学

小熊学卖鱼

羊东 著　图德艺术 绘

新华出版社

小熊迪仔和爸爸妈妈住在普洱村，紧挨着金沙河。熊爸爸是出了名的捕鱼能手。一家人从早忙到晚，将当天捕好的鱼及时用冰块保鲜，隔天一大早便赶到大诚集市出售。

村民们大多在早上买鱼。迪仔懂得爸爸妈妈的辛苦，小小年纪的他早已成为家里的好帮手。

连续下了几场大雨，小熊家的屋顶漏雨越来越厉害，再不动手修理，家就要被淹了。

熊爸爸想不出更好的办法，只能交给迪仔一个“艰巨”的任务：“从明天起，我和你妈必须在家修理屋顶，这样就没时间去卖鱼了。集市的摊位交给你打理，好不好？”

虽然迪仔一直帮着爸爸打下手，但从来没有自己盯过摊，想到明天要独自面对所有事情，他就像热锅上的蚂蚁，紧张得睡不着。

第二天天一亮，迪仔就起床做好出摊的准备。匆匆吃了早饭后，他推着满满一车鱼朝集市出发了。

一会儿上坡，一会儿下坡，迪仔推着重重的车，不敢走太快。

等到终于把车推到鱼摊前，迪仔已经累得精疲力尽了。

学着爸爸的样子，迪仔把鱼摆得整整齐齐。然后他一声不吭地坐在摊位前，看着村民们来来往往。

他也想学着妈妈的样子，大大方方地叫卖，热情地和顾客聊天，但话没到嘴边，就被堵在嗓子眼儿里了。

不少村民路过鱼摊，见迪仔坐那儿不吭声，也不知道今天出了什么状况，看两眼就走开了。渐渐地，新鲜的鱼变得没那么新鲜了。

熊猫三宝看迪仔一整天无精打采的，特意跑来给他打气。

不知是不是淡淡的花香起了作用，迪仔感觉好些了，但还是张不开嘴招揽顾客。

迪仔如坐针毡，觉得时间过得慢极了，来买菜的村民越来越少，他这才发现已经到下午三点了。

“小伙子，快收摊了，抓紧时间吆喝呀！”隔壁的长臂猿大叔也替迪仔着急。

一条鱼都没卖出去，这车鱼明天也不可能再卖了。迪仔真的坐不住了。

想到爸爸妈妈捕鱼的辛苦，想到自己路上的艰难，想到三宝的鼓励……迪仔急得全身发抖，眼泪开始在他眼眶里打转。

忽然，不知从哪儿来的勇气，迪仔扯开嗓门吆喝起来：“今日特惠，全场鲜鱼免费送！”

这一声惊动了集市，大家不明白怎么回事，纷纷从四面八方凑过来看热闹。

村民们看迪仔是真心送鱼，你一条我两条，一车鱼很快被拿光了。大家都对迪仔表示了感谢。

“好样儿的，关键时刻就得敢开口说话。”长臂猿大叔为迪仔的急中生智竖起大拇指。迪仔擦擦汗，心里有些发虚。

迪仔垂头丧气地回了家，把今天的经历一五一十地告诉了爸爸妈妈，同时做好了挨批评的准备。

让迪仔惊讶的是，爸爸妈妈没有一句责备。爸爸还夸奖迪仔做得对。更让迪仔出乎意料的是，爸爸妈妈依然信任他，让他第二天继续独自盯摊。

心理压力的释放和体力的消耗，让迪仔脑袋一碰上枕头就呼呼睡着了。

清晨，迪仔推车走在路上，暗暗下定决心，今天一定要把鱼卖出去。

村民们见今天的鱼摊又是只有迪仔自己，想起昨天他送的鱼，都主动过来和迪仔打招呼。渐渐地，迪仔没那么紧张了。

“鲜鱼！金沙河的鲜鱼！”

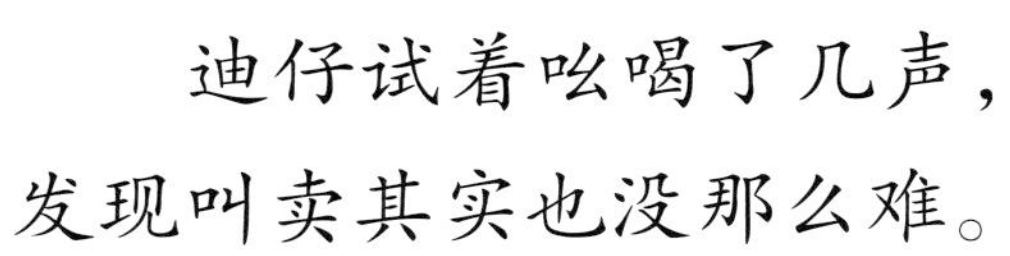

迪仔试着吆喝了几声，发现叫卖其实也没那么难。

没多久，来买鱼的村民排起了长队。迪仔给村民挑鱼、称鱼……这些都是平日里看爸爸做的，今天他自己独立操作，从生疏慢慢熟练起来，虽然忙得满头大汗，但迪仔一点儿也不觉得辛苦。

中午还没到，一车鱼就卖光了。三宝向他竖起了大拇指。

长臂猿大叔都开始佩服迪仔了。

接下来的几天，迪仔越来越放得开。现在，他不但能和村民主动打招呼，还能花式推销自家的鱼。

那次送鱼事件还常常被村民挂在嘴边，大家都说迪仔既老实又懂事，所以愿意照顾他的生意。这样一来，每天中午前迪仔就能把鱼卖得干干净净。

“辛苦了，儿子。房子修好了，明天爸爸妈妈和你一起去卖鱼。”听到爸爸的肯定，迪仔才觉得自己真的长大了。

经过这次锻炼，迪仔成了卖鱼小能手，他可以独当一面，让妈妈在一旁休息。

美美
普洱村

柑橘村
果果屋

知识银行

在卖鱼过程中，迪仔克服了与客户沟通的心理障碍，做出了最优决策，及时把没卖出去的鲜鱼（沉没成本）转化为对未来生意有利的赠品，与顾客建立起良好的关系。

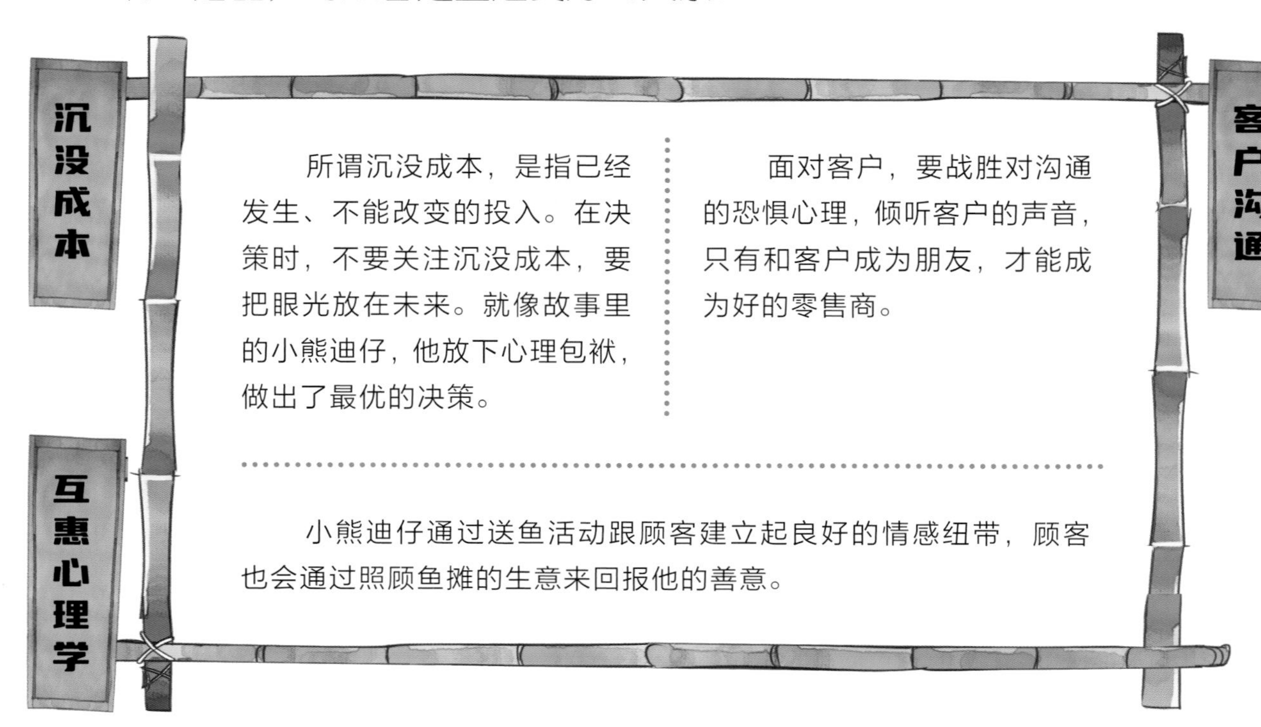

沉没成本

所谓沉没成本，是指已经发生、不能改变的投入。在决策时，不要关注沉没成本，要把眼光放在未来。就像故事里的小熊迪仔，他放下心理包袱，做出了最优的决策。

客户沟通

面对客户，要战胜对沟通的恐惧心理，倾听客户的声音，只有和客户成为朋友，才能成为好的零售商。

互惠心理学

小熊迪仔通过送鱼活动跟顾客建立起良好的情感纽带，顾客也会通过照顾鱼摊的生意来回报他的善意。

小熊迪仔第一次独自卖鱼的经历可以用下图表示，你能看懂这其中蕴含的经济学原理吗？

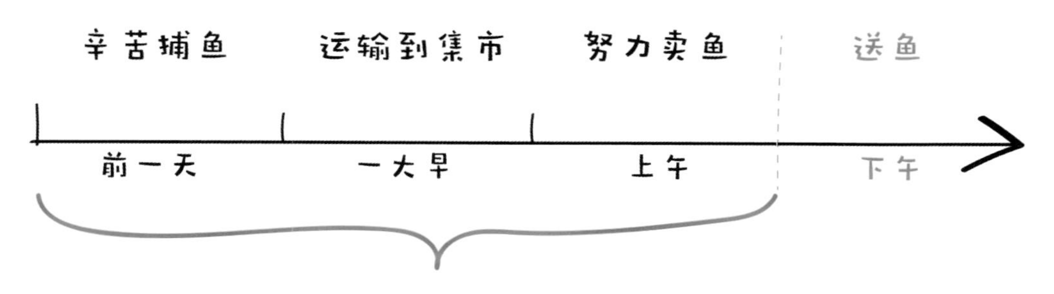

会讲故事的经济学

航船里的大买卖

羊东 著　图德艺术 绘

新华出版社

水牛力哥一家住在桃花岛的金沙河边，力哥家有片稻田，还有条小船，一家人以种田为生。农闲的时候，力哥会划着小船沿河为村民递送东西，日子过得平平稳稳。

久而久之，力哥对金沙河的河况越来越熟悉：水涨高多少、水落到多少……

……哪里有礁石、哪里有险滩，他心里一清二楚。

正因为力哥经验丰富，为人踏实可靠，别的船都跟在他的船后面航行。力哥主动承担起领航的任务，希望自己能带着大伙儿奔向更好的生活。

大家看船运生意有赚头，加入进来的船越来越多。在力哥的带领下，一条条小船组成了一支船队，船队航行的线路越来越长。

船队一天天地壮大起来，船员们一致推举吃苦耐劳的力哥来当船老大，带领船队运货，因为组建专业的货运团队比单打独斗有效率。

就这样，力哥成立了领航货运公司。大家齐心协力，保证水路运输安全和货物顺利到港。

领 航 货

随着对河道的熟悉，力哥的船队途经金沙河沿岸大大小小的村落。

每个村子都有自己的特产：有的衣服款式多，有的帽子受欢迎，有的大米特别香，有的木材多得用不完……

慢慢地，力哥发现了商机，除了靠运货挣运费，他还会顺路采购各地特产，拿到大诚集市上卖。

而且，力哥还掌握了生意经：货物因为运输、人力等原因，在原产地采购时一个价格，运到另一地方出售时可以定一个更高的价格，赚取的中间差价就是船队所付出的辛苦的酬劳。

但是力哥还是以货运为主，只有周末才来大诚集市摆摊。他的摊位前总是挤满了村民，那些五花八门的特产，对于大家来说别提多新鲜了。

力哥还热心地为村民带货，他给丽花阿婆带来不同品种的辣椒。犀鸟水手也给猪古立带回了各种风味的果酒。还有给孩子们的各种玩具。

聪明的阿珊也看到了商机："力哥，你从各地带来的东西很受欢迎，不如你再多带些东西来卖吧！我给你安排一个更大的摊位，租金能更优惠。"

"这怎么行？你也要赚钱的。"力哥很实在，他知道做生意讲究双赢，而不是单方面占便宜。

“谁说我不赚钱了？”阿珊被老实的力哥逗笑了，耐心地解释道，“你带来的货特别受欢迎，大大带动了集市的人气，来的人越多，集市的生意就越好。我怎么会不赚钱？”阿珊的账算得很清楚。

“这么回事啊。”力哥憨笑道，“你知道的，卖货不是我的主业，只是顺手做做，没想到生意这么好。但我的时间不够用，来回一趟至少五六天，我真的没精力做更大的摊位。”

“做大做强不能只靠你自己，要不再招几个帮手？”阿珊建议道。

“对，我可以帮力哥运货！”小花豹一直想去金沙河探险。

“走金沙河可不是闹着玩的。”力哥有自己的担心，“干我们这行很辛苦，也很危险。”

“我不怕！”小花豹现在兴头正足，任何困难都阻止不了他。

犀鸟水手深知力哥口中的辛苦：“别以为上船是去玩儿的，逆水行船的时候，你要上岸拉纤。”

“有时候，一连几天前不着村后不着店，只能吃睡在船上。你受得了吗？”

“一点儿都不好玩儿！”小花豹头冒冷汗，迅速打了退堂鼓。阿珊听后也体会到了船队的不易。

力哥对吃苦不以为然："做事情都不容易。大家对我熟悉了，信任我，我拿货、带货一般都是口头约定，卖完货才给卖主结款。"

"这都是因为力哥的信誉好，买卖双方都信得过力哥。"犀鸟水手说到了问题的关键。

犀鸟水手算过账，杂货摊是有钱赚的，但力哥无心也无力扩张，他摆摆手：“我想做事就要做好，不能为了挣钱牺牲信誉。”阿珊表示理解，但还是觉得力哥放弃卖货有些可惜。

路过的村民听到阿珊和力哥的对话，七嘴八舌帮忙出主意。猪古立问力哥是否想过找人替他开摊儿。

“你还是专心做你的船老大，集市的摊位我帮你打理。”阿珊想帮力哥分担一些，同时也认为这对集市有好处。

“有你帮忙太好了。”力哥很高兴，“你比我更清楚顾客需要什么。”

犀鸟水手接着说：“对！阿珊可以控制进什么货，还有进货量的多少。”

“阿珊也应该专心经营集市，而不是自己看摊，不是吗？专业的事应该交给专业的人来做。”猪古立的提醒很有道理。

“对呀！我只需负责召集摊主说出想进什么货，力哥按照需求采购，然后交给各摊主销售。这样大家都有钱赚。”猪古立一语惊醒“梦中”的阿珊。

“你来收集摊主的订单，我去集中采购，一次性采购的量大，价格会更优惠，运费分摊也划算。”力哥跟上阿珊的思路了。

“这对大诚集市大有好处。”阿珊的生意头脑发挥作用了，“以前大家是卖自家的东西，这样一来，集市成了联结各地货物的流通中心。”大家听了拍手称快。

又一个周末到了，小羊茉莉发现力哥的摊位已经撤了。

“力哥为什么不做了呢？”茉莉失望透了。她之前买过一只陶瓦村的小碗，今天是想再买一只凑成一对儿的。

茉莉只能去别的摊位碰碰运气，却惊喜地发现了那只小碗。

小兔老板解释说：“这些都是从领航货运公司订的货，以后你再想买陶瓦村的东西，来我这儿就能买到。”

力哥关闭了摊位，但货运生意更红火了。大诚集市不再仅仅是普洱村和柑橘村两村的集市，而是发展为有名的大集市，吸引了方圆几百里的村民来赶集。

由于有了批量采购的业务，
力哥的公司改名为领航贸易公司。
阿珊和力哥成了紧密合作的伙伴。

普洱村

柑橘村
果果屋

知识银行

水牛力哥在航运中发现不同村庄的特产在当地价格便宜，在大诚集市很受欢迎。随着业务的发展，水牛力哥专注于收集大诚集市摊主的需求，从各个村庄批量采购他们所需的货物。

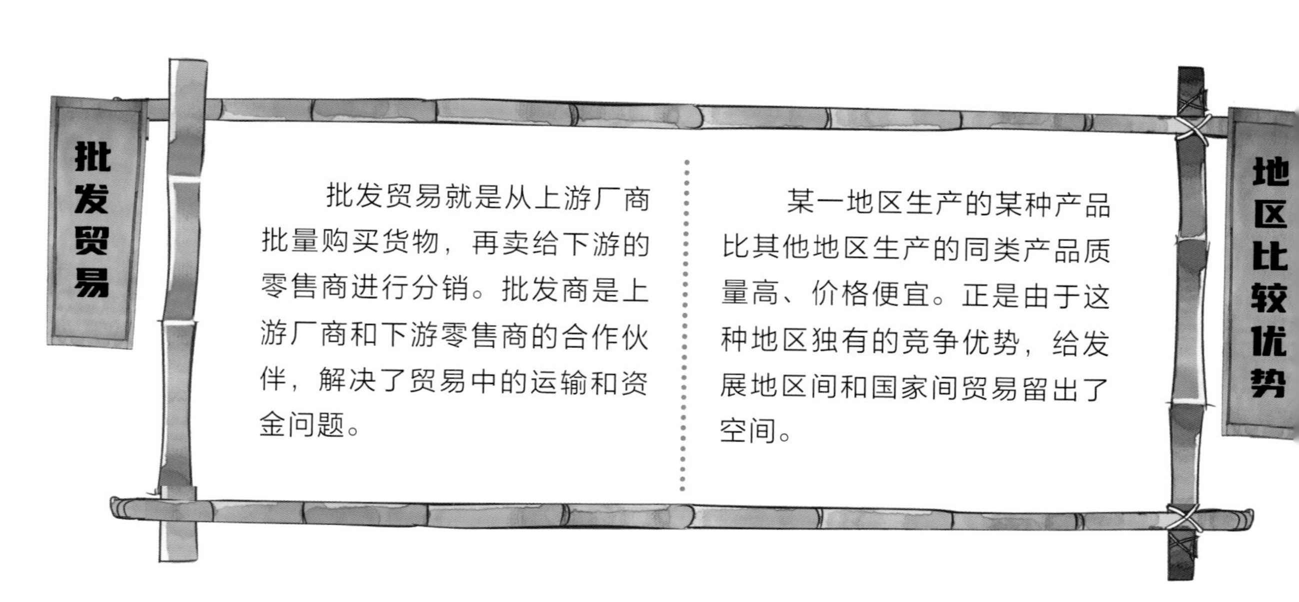

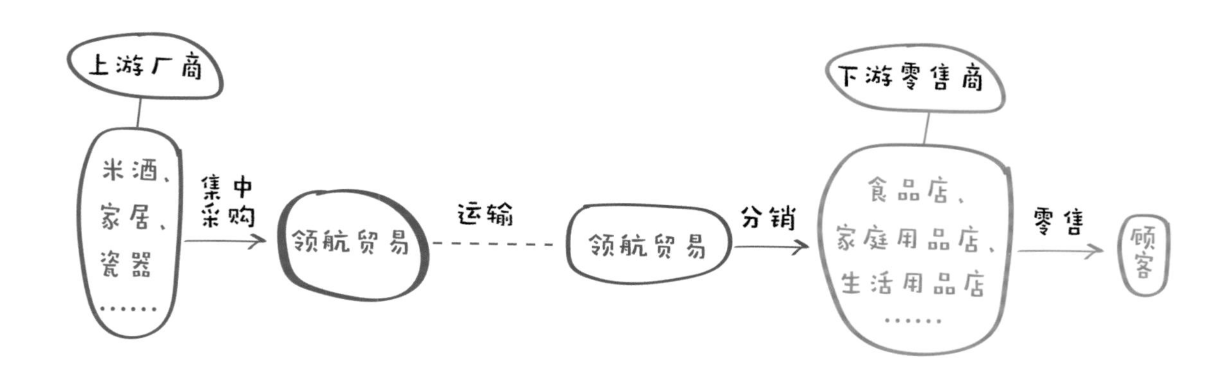

领航贸易公司运作方式示意图

会讲故事的经济学

自行车大战

羊东 著　图德艺术 绘

赚大钱的生意
为何好景不长？

新华出版社

力哥的船队开辟了金沙河上的商路，他成立的领航贸易公司使得南来北往的货物流通顺畅。大家的积极性高涨，金沙河越来越繁忙。

河路通畅不仅带来生活的方便，更让河两岸的村民开了眼界，长了见识：没吃过的美食，没玩过的玩具……村民享受着新鲜事物带来的喜悦。

以前，普洱村和柑橘村基本处于半隔绝的状态，村民们出门多是走着去桃花岛赶个集，所以力哥带来的自行车引起了围观。

特别是猴跳跳，兴奋得不得了，绕着自行车转了三圈。他好想拥有一辆属于自己的自行车啊。

猴跳跳不但拥有了自己的自行车，还以最快的速度学会了骑车。自行车成了他的宝贝，他天天擦洗，定期给车的链条上油。

他能骑车绝不走路，骑上车就舍不得下来，他感觉村子在飞快的车轮下变小了很多。

果果屋开了两家分店，猴跳跳和象朵朵分别请了店长管理，生意走上正轨后，猴跳跳的自由时间充裕了。

猴跳跳闲不住，他主动找力哥，想聊聊自行车。

“如果能自产自销自行车该多好啊！”猴跳跳尝到了创业的甜头，又打起了新的主意。

“其实并不难，”力哥经常在外面跑，消息来得灵通，“只要采购零部件，自己组装就可以了。”

“这么简单？！”猴跳跳简直不敢相信自己的耳朵。

“当然！你还可以设计款式、定制颜色，完全按你的想法来。”力哥鼓励他，“而且这里的条件很适合，劳动力充足，薪酬又不高，开个小型自行车厂没问题。”

跳跳太喜欢这个主意了，这才算真正拥有自己的自行车。

猴跳跳是行动派，他毫不犹豫地把在果果屋赚的钱一股脑儿投到开自行车厂上。

功夫不负有心人。工厂建成了，厂址设在金沙河边，图的是交通便利，节省货运成本。

力哥一如既往地给力，他在工厂建成后的第一时间，送来了充足的零部件。

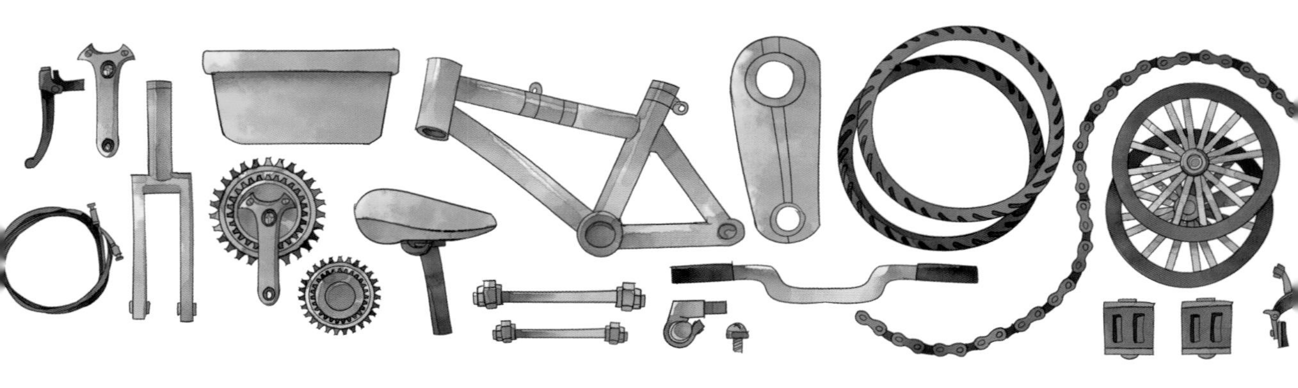

接下来，跳跳组织技术培训，安排每两名员工为一组，按照图纸把零部件组装成自行车。员工们勤学好问，上手很快，毕竟只要用心去做，世上就没有难事。

猴跳跳为自己生产的自行车设计了品牌名称：飞毛腿。他还亲自上阵做宣传，每天骑着自行车在村子里转啊转啊，谁看了都想试试。

在“飞毛腿”正式开售之前，精明的跳跳算了一笔账：自行车零件的成本是 100 元，再算出人工和厂租成本，跳跳给自己的飞毛腿自行车定价 200 元，而力哥运来的自行车售价 300 元。

这个定价太有诱惑力了。来买自行车的村民络绎不绝，跳跳忙得应接不暇。一天下来，跳跳数钱数到手软。

好景不长，跳跳明显感觉到生意在缩水。问题出在哪儿呢？有朋友告诉跳跳，狐狸西西在卖自行车。

经过调查，跳跳发现狐狸西西在河对岸也开了一家自行车厂，所有模式都和他的一样，只是品牌名字不一样，叫西西自行车。

跳跳亲自去西西的店里打探，发现大事不妙。两家自行车厂都是通过力哥采购零部件，生产出来的自行车大同小异。

西西在自己的店里见到跳跳，还笑嘻嘻地跟他打招呼，完全不把跳跳放在眼里。西西头脑灵活，资金雄厚，竞争力极强，还没正式宣战，跳跳就感到自己“矮了半截儿”。

果然，西西率先打起了价格战，每辆自行车定价 150 元，一下子拉走了不少客户。

猴跳跳只得跟着降价。经过几轮杀价，自行车的价格大跳水，从最开始的 200 元降到 120 元。

最开心的当然是客户，猴跳跳只能咬碎了牙往肚子里咽。

不仅如此，西西的促销手段花样不断，今天买车送车筐，明天买车送打气筒……小恩小惠赚足了人气。

不仅逢年过节必做促销，西西还发明了一个“单车节”。单车节限时优惠，购买第二辆半价。

这对资金有限的猴跳跳来说是致命打击，没钱打不起促销战，可是没有促销就没有生意。

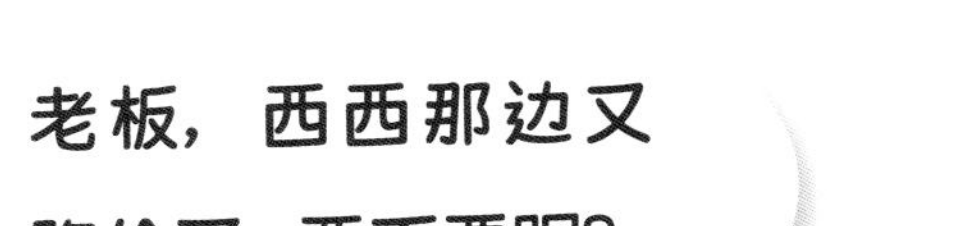

跳跳还意识到一个严重问题，除了竞争对手的影响，普洱村和柑橘村的市场空间有限，想买自行车的村民差不多都买了，市场拓展难，产量自然会萎缩。

跳跳跟猪古立发牢骚："这样西西也赚不到钱，最后只能我们两家都关门。"

"除了拼价格，是不是还有其他办法降低生产成本呢？"猪古立提出了新的思路。

看来除了降价还要压低成本，在力哥的帮助下，跳跳货比三家，找到了性价比更好的零部件供应商。

同时，跳跳降低了自行车的产量，解雇了工作不积极的员工……通过一系列内部整顿，有效降低了成本。

西西经过冷静的思考与核算，也不再像最初那样冲动了，开始明白恶性竞争对双方都没好处。

面对挑战，跳跳迅速找到应对策略，并果断执行，飞毛腿自行车总算渡过了危机。

普洱村

柑橘村
果果屋

知识银行

猴跳跳率先生产和销售自行车，在短期内获得了高利润。狐狸西西紧随而上，与猴跳跳展开竞争。随着竞争愈演愈烈，双方不断降低价格，补贴消费者，最终导致利润迅速下降。这个故事没有大团圆的结尾，是想让小朋友们知道：竞争会持续存在，这是商业社会的现实。

竞争

竞争在商业社会中无处不在。虽然竞争使消费者获得了更低的价格和更优质的服务，但对于处在竞争中的商家却常常是苦不堪言。竞争的形式多种多样，下面这张图是关于竞争分析的“波特五力模型”。

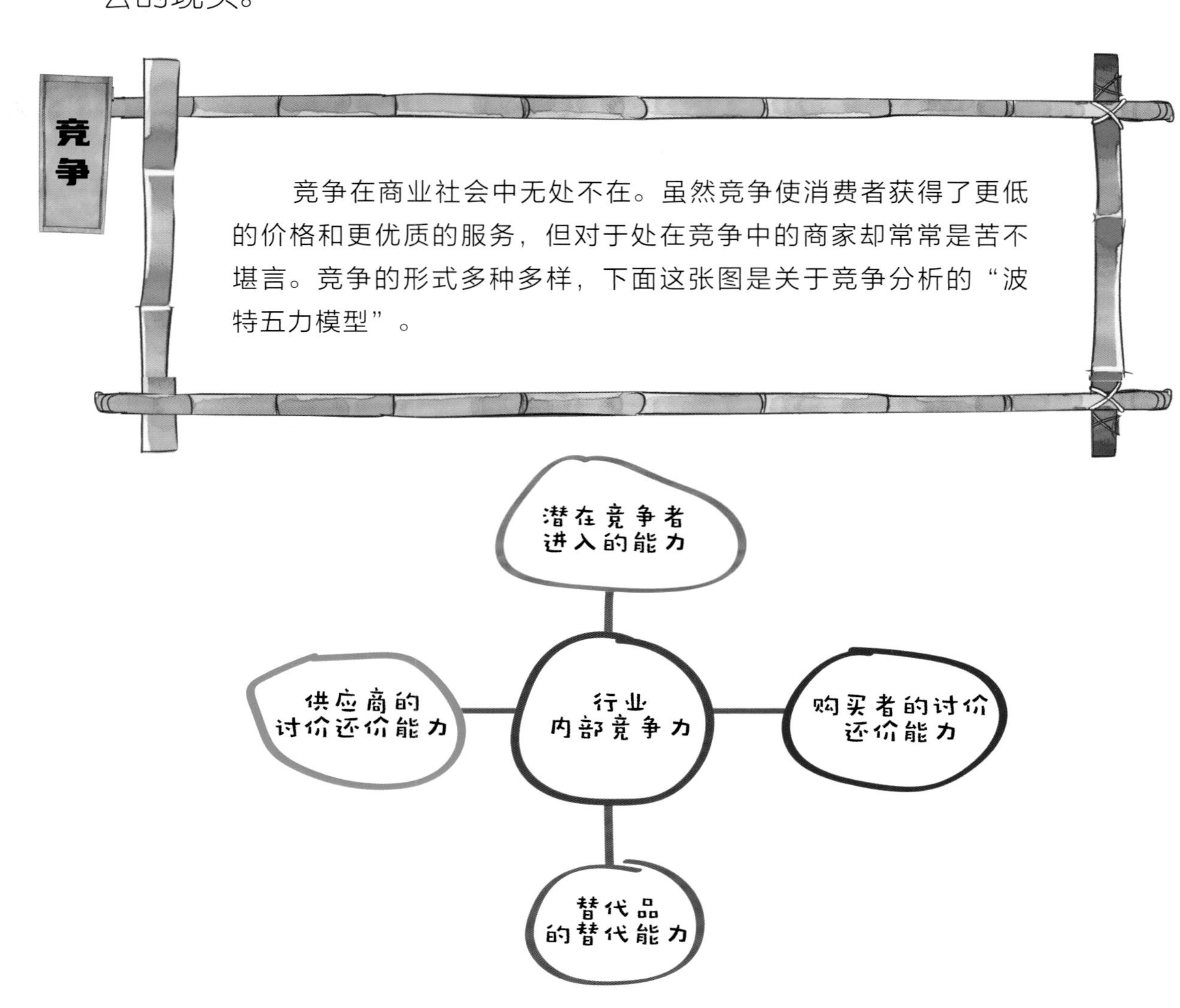

“波特五力模型”示意图

会讲故事的经济学

大家都爱看报纸

羊东 著　图德艺术 绘

免费的报纸，
为何印得
越多越赚钱？

新华出版社

大诚集市在大家的精心打理下，生意红红火火，很多摊主想扩大经营。

小熊迪仔家新进了一批河虾，以前他家只卖鱼，现在想尝试卖虾，但毕竟以前没卖过，一家人心里有些忐忑。迪仔想出了一个办法。

第二天，他在大诚集市的门口张贴出海报。

金沙河小河虾
明天上市
大熊鱼摊明天10点限量发售。
金沙河当季特产　三鲜美味首选　欲购从速。

海报的宣传效果非常好，河虾当天就销售一空。

这也为摊主们打开了营销思路，大家竞相效仿起来。

于是，铺天盖地的海报占据了集市门口大大小小的地方。

围挡、门柱……都成了摊主贴海报的广告牌。

诚
集
市
老家酒铺
云南米酒
特价
泼水节
通知
即日起，每周一上午
十点召开村民大会，
请村民准时参加。
村委会

久而久之，促销海报成了集市的一大看点，村民在进集市前都先看看有什么新消息。

阿珊干脆把门口的围档变成固定的布告栏，村里有什么重大消息都发布在这里。

本来是件好事，没想到好事做不好也可能变成麻烦。

因为大家都想让自己的海报最显眼，所以海报一张压一张，有时候反而把重要的消息埋在最下面。大家贴海报的时候也没什么规则，围档被弄得一团糟，赶上风雨天，海报满天飞，简直是糟上加糟，惨不忍睹。

还是阿珊的孩子三宝最先注意到“海报灾区”。

自打集市开张，三宝一直跟在妈妈身后帮忙，是妈妈的得力助手。除了阿珊，没有谁比她更了解大诚集市了。

三宝找到大山，请他做一个大大的公告栏。

商业广告信息按集市划分区域分类指定位置，百货区、食品区、海鲜区……不同区域的海报张贴在相应的位置，每天定时更新。最显眼的位置留给村里的重要活动。

这样一来，摊主不必为张贴海报争抢位置,顾客看到的信息清楚明白，集市的环境也恢复了整洁有序。

但是，让三宝没想到的是，她更加手忙脚乱了。想张贴海报的摊主太多了，她自己根本照顾不过来，即使收了广告费，海报张贴量还是有增无减。

一天，三宝正忙着更换海报，看到丹顶鹤小小在一边记录。三宝挺纳闷儿。

小小说有的村民没时间，就拜托她来看公告，把促销信息和活动通知记下来，回去说给他们听。

正说着话，一队游客来逛集市。

路过的小布听到小小的话，提醒她：“你这样传话多辛苦，还不如办一份报纸呢。”

小布还认为，传话很容易传错，比如阿珊只想要三个甜心橙，传来传去，结果到她手里的是一篮子水果。

“报纸能服务的村民更多，比你们这么传递消息效率高多了。而且如果报纸发行量不大，你们俩完全可以自己动手完成。”

桃花岛周报
桃花岛周报
桃花岛周报
桃花岛周报
消防安全课
桃花岛周报
消防安全课
知识窗
特价
开心一刻
一份报纸登载
的内容要多得多。

对啊，有了报纸，三宝也不用天天撕海报、贴海报，每天围着海报打转，别的事都干不了。小小也不用把同样的消息重复好几遍。

集
市
谢谢。我们去准备一下。

经过商量，她们决定办一份《桃花岛周报》。

小小负责采访，收集村里的大事、要事，然后整理成报道。

三宝负责收集广告信息，制作广告版面，向商户收取一定的广告费用。由于有了广告收入，村民们看报纸一律免费。

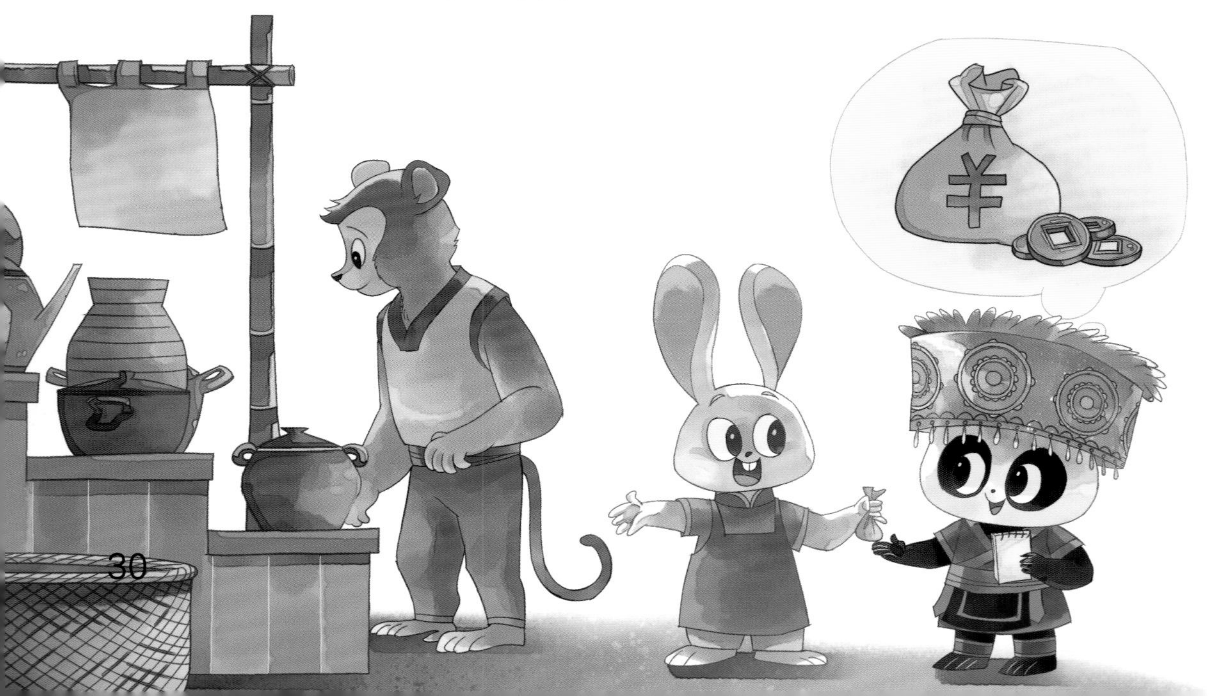

然后她们俩把需要登载的内容整理成文字，再配上图片。

桃花岛周报
泼水节活动通知
广告栏

每周四，三宝和小小拿出全天的时间制作报纸，确定稿件、校对文字、排版、印刷……她们经常通宵工作，为的是周五能让村民们看到新鲜出炉的报纸。

她们顾不上休息，往往一直工作到天亮，赶早把报纸送到家家户户的门口。

很快，村民们都养成了周末看报纸的习惯，一周没看到还有些不舒服呢。大家都感谢三宝和小小的辛勤付出。

村民会把优惠信息提前摘录下来，再去集市采购。

报纸的内容越来越丰富，功能也越来越多，为村民的生活增添了很多乐趣，提供了更多的便利。

普洱村

柑橘村
果果屋

知识银行

小熊猫三宝和丹顶鹤小小在整理大诚集市海报和给村民们传递消息的时候，发现了村民们对信息的需求，而且商家也愿意花钱让顾客得知商品和促销信息。两个小伙伴共同努力，把公告栏升级为《桃花岛周报》。

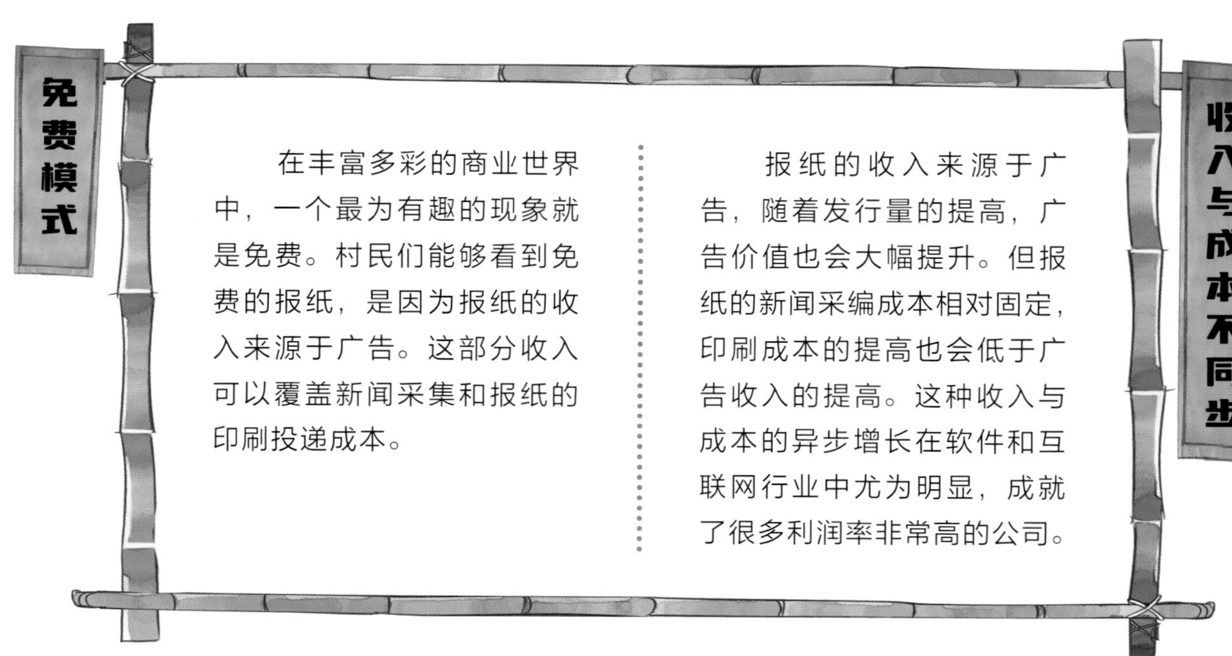

免费模式

在丰富多彩的商业世界中，一个最为有趣的现象就是免费。村民们能够看到免费的报纸，是因为报纸的收入来源于广告。这部分收入可以覆盖新闻采集和报纸的印刷投递成本。

收入与成本不同步

报纸的收入来源于广告，随着发行量的提高，广告价值也会大幅提升。但报纸的新闻采编成本相对固定，印刷成本的提高也会低于广告收入的提高。这种收入与成本的异步增长在软件和互联网行业中尤为明显，成就了很多利润率非常高的公司。

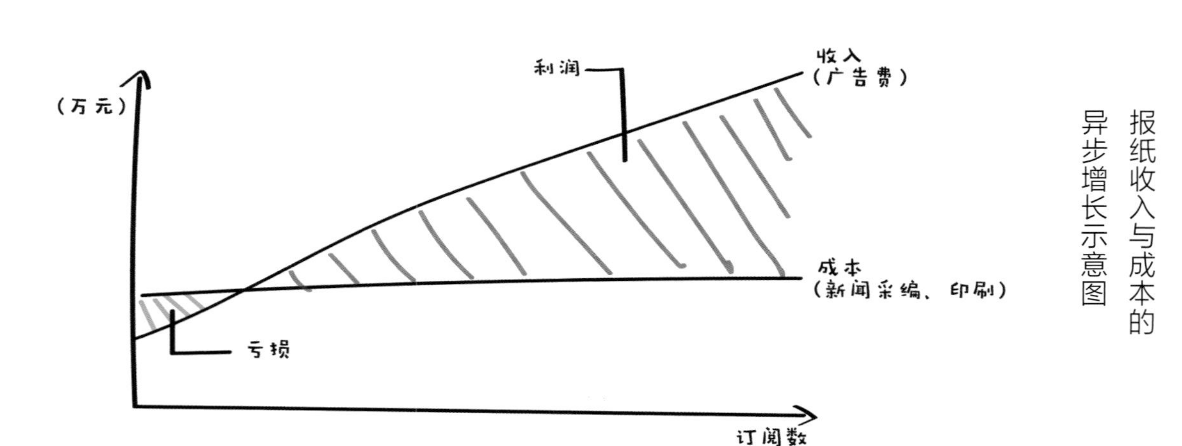

报纸收入与成本的异步增长示意图

会讲故事的经济学

丽花阿婆的辣酱

羊东 著　图德艺术 绘

新华出版社

自打桃花岛上的大诚集市开了张，普洱村和柑橘村之间的来往更密切了，每天的集市上都熙熙攘攘。

丹顶鹤一家住在桃花岛，丽花阿婆看着集市里人来人往，时间长了她也跃跃欲试，想做个小买卖。

可是做什么买卖呢？大诚集市里还缺少什么呢？丽花阿婆绞尽脑汁思考，不过，她想先得到老伴儿的支持。

丽花阿婆和老伴儿红鹤阿公商量：“咱们家离集市这么近，我也去摆个摊儿怎么样？”

红鹤阿公也来了兴致：“这几天我也琢磨这事呢。我看开个卖米线的摊儿一定能赚钱。集市里虽然有好多好吃的，但你拿手的‘辣香香米线’绝对天下无双！我吃一辈子都吃不够。”

红鹤阿公吃了一大碗米线，用实际行动证明了对丽花阿婆的支持。

很快，丽花阿婆的米线摊儿热气腾腾地开张了。

不出所料，“辣香香米线”人气直升。

猪古立和虎小哈禁不住米线香味的诱惑，趁快餐店休息的时候跑来尝鲜。他们被辣得流眼泪、打喷嚏，仍然止不住大口吃喝。

令丽花阿婆意外的是，很多人吃完米线后会问辣酱卖不卖，因为辣酱太香了，他们都想买回家拌菜拌饭吃。

丽花阿婆想，既然大家这么爱吃，不如把辣酱装瓶出售，就叫“丽花辣酱”好了。

丽花辣酱凭借良好的口碑，成为了集市的热卖品，摊位前常常排起长龙。阿珊不仅自己成了丽花辣酱的粉丝，还把辣酱推荐给猴跳跳和象朵朵这些好朋友，他们经常相约一起来买辣酱，有时候来晚了都买不着。

丽花辣酱的名声一传十、十传百，辣酱甚至有了自己的“传说”：有的说丽花阿婆有祖传秘方，秘方是从她奶奶的奶奶的奶奶的奶奶传下来的；有的说丽花辣酱可以治打嗝……丽花辣酱被传得神乎其神，主要是因为大家太喜欢它了。

丽花辣酱几乎是家家户户的必备调味品。美美快餐店成了丽花辣酱的大客户，虎小哈和猪古立决定免费提供辣酱给食客调味。

丽花阿婆原本只想开个小小的米线摊儿，做梦都想不到配料辣酱成了销售明星。她索性不卖米线了，专门做起辣酱的生意来。

由于买辣酱的顾客太多，丽花阿婆自己根本忙不过来。她发动了自己的老伴儿、儿子、儿媳妇一起来帮忙。

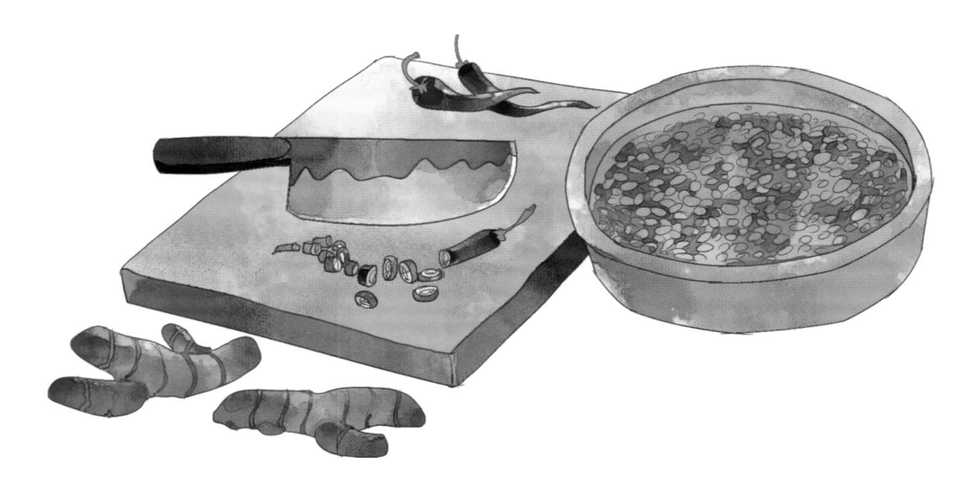

于是一家人放下手上的活儿，全都跟着丽花阿婆忙起来。按照辣酱的制作步骤，他们先把黄豆泡在水里，再把辣椒、葱、姜切成细末。

然后热油，炒葱、姜、辣椒和泡好的黄豆，再加入盐、糖、生抽等调料。

最后加入泡黄豆的水，用小火炖煮，汤汁收干后，香喷喷的辣酱就能出锅了。

一家人还会给瓶子贴上阿婆自己设计的标签，最后把辣酱装瓶密封，一瓶丽花辣酱才算真正大功告成。

丽花阿婆的辣酱生意一帆风顺，但家务事出现了问题。她家有片茶园、几亩稻田和一小块菜地，红鹤阿公负责种茶、采茶，他们的儿子、儿媳妇负责种菜、种粮食。

可是，辣酱的生意打乱了一家人的劳动节奏。

头天不管他们做多少辣酱，第二天都被一抢而空，还有人买不到。丽花阿婆急得没办法，只能向家人求助：让红鹤阿公劈柴、让儿子去采购配料……

全家上下为做辣酱忙得团团转，根本没空做农活儿，这让红鹤阿公看在眼里，急在心上。

这天晚上，一家人头也不抬忙着做辣酱，连轴转了好几天的红鹤阿公忍无可忍了：“停一停，放下手里的活儿！我要召开家庭会议。”

“咱们全家都在忙着做辣酱，茶园、稻田和菜地都快荒废了，咱们吃什么、喝什么？”

让红鹤阿公感到火上浇油的是，他老婆、儿子和儿媳妇根本不把他说的话当回事。儿子说：“咱们可以用卖辣酱挣的钱去买吃的、喝的呀。”

“就是嘛，你这个老糊涂怎么算不清楚账呢？”丽花阿婆一点儿也不着急，手里的活儿也没停。

“那怎么行？！”红鹤阿公忍不住喊了起来，“咱们家祖祖辈辈都是自己种粮自己吃，这样心里踏实。”

“种地需要时间，做辣酱也需要时间，一天就这么多时间，咱们不可能什么都做啊。”儿子反驳道，“而且辣酱卖得这么好，比种地挣得多啊！”红鹤阿公气得火冒三丈，他明知儿子说的有道理，但坚决不同意再做辣酱。

“依我看，不如你去请阿珊来评评理，让她来掰一掰你的死脑筋。”丽花阿婆也只能求助外援了。

“去就去！”红鹤阿公也不顾天黑，“嗖”地向阿珊家飞去。

到了地方，红鹤阿公二话不说，抓住阿珊就往外跑。“阿珊，跟我走，你来评评理。”

急脾气的红鹤阿公嫌走路太慢，干脆带着阿珊飞了起来。阿珊的重量让他喘不上气。

一进屋，辣酱的香气扑面而来。

“让你见笑啦。”丽花阿婆招呼阿珊坐下，“新鲜出炉的辣酱，快来吃碗米线，边吃边说。”

阿珊听完事情的原委，笑着说：“阿公，你说实话，丽花阿婆做的辣酱是不是独一无二，别人替代不了？你种的地除了你，是不是别人也种不了？”

“那倒不是……”红鹤阿公累得腿打软，但心里的石头有些松动。

“你家的丽花辣酱已经家喻户晓、有口皆碑，”阿珊耐心劝解，“连我自己都是丽花阿婆的粉丝。丽花辣酱现在可是花钱也买不来的品牌。”

“那家里的地怎么办，总不能荒着吧？”

我有个办法，你们帮阿婆专心做辣酱，家里的地可以租出去。这样两不耽误。

保持丽花辣酱的味道和品质才是最重要的，这是花多少钱都买不来的。

“是这么个理！既然有那么多人喜欢丽花辣酱，我们可不敢马虎大意，要对得起大家的喜爱与信任。”丽花阿婆说。

红鹤阿公终于想通了，他看了看老伴儿，心里的石头落了地。

红鹤阿公有些不好意思："丽花，你说得对，我是死脑筋，以后不会了，一心一意跟着你做辣酱。"丽花阿婆又好气又好笑。

夜深了，阿婆一家人还不能休息，为明天的辣酱加班加点，每瓶辣酱都凝聚了他们的真心。“你们早点休息，明天大家还等着买你们家的辣酱呢！”阿珊解开了红鹤阿公的心结。

后来怎么样了？红鹤阿公还会阻止丽花阿婆做辣酱吗？

“阿婆，今天的辣酱我预订一箱。”阿珊依然是丽花阿婆的忠实粉丝。

“没问题！”丽花阿婆说，“要不是有你帮忙，我们家的辣酱可就‘难产’喽。”红鹤阿公现在全力配合丽花阿婆。

普洱村

柑橘村
果果屋

知识银行

丹顶鹤丽花阿婆从卖米线开始，细心观察顾客的反馈。由于顾客对辣酱的口碑效应，丽花阿婆决定全力以赴专注辣酱生产，并创建“丽花辣酱”品牌。

品牌建立

品牌是商业社会中的稀缺资源。有了品牌，产品就拥有了高辨识度，这有利于取得客户信任，促进客户重复购买。发达的经济体都拥有众多知名品牌，中国企业正在不断努力，创造更多走向全世界的中国品牌。

口碑效应

品牌传播最好的方式就是用户的口口相传。用户的亲身体验最有说服力。用户把自己的亲身感受分享给身边的熟人，一传十、十传百，品牌知名度会以指数速度增长，在消费者中迅速传播。

会讲故事的经济学

守护甜心橙

羊东 著　图德艺术 绘

新华出版社

柑橘村建在山坡上，家家户户都有种橙子的传统。由于气候适宜、土质优良，柑橘村的橙子香甜多汁，吃过的都说好。

力哥超爱吃柑橘村的橙子，甘甜多汁，吃到停不下来。力哥觉得这么好吃的橙子，应该让更多的人吃到。

于是，柑橘村的甜橙随着力哥的船队走出了村子，走向更广阔的天地。

在推销的过程中，有个问题力哥没想到，每次他都要重复一遍柑橘村在哪儿、甜橙为什么甜……

然后力哥会发甜橙给大家品尝。大家吃完之后都说甜，可是下次又都不记得是哪儿的甜橙了。

力哥想：如果柑橘村的甜橙有个名字就好了，省得每次都从头解释一遍。

力哥和村民商量，想为橙子注册“甜心橙”商标，统一采购、统一销售。村民们听了之后都认为这是个好主意。

甜心橙

注册商标起到了良好的效果，越来越多的人们知道了“甜心橙”就是最好吃的橙子。

中秋佳节是柑橘丰收的季节，“甜心橙”成为了村民们走亲访友的首选礼物，老人孩子都喜欢。

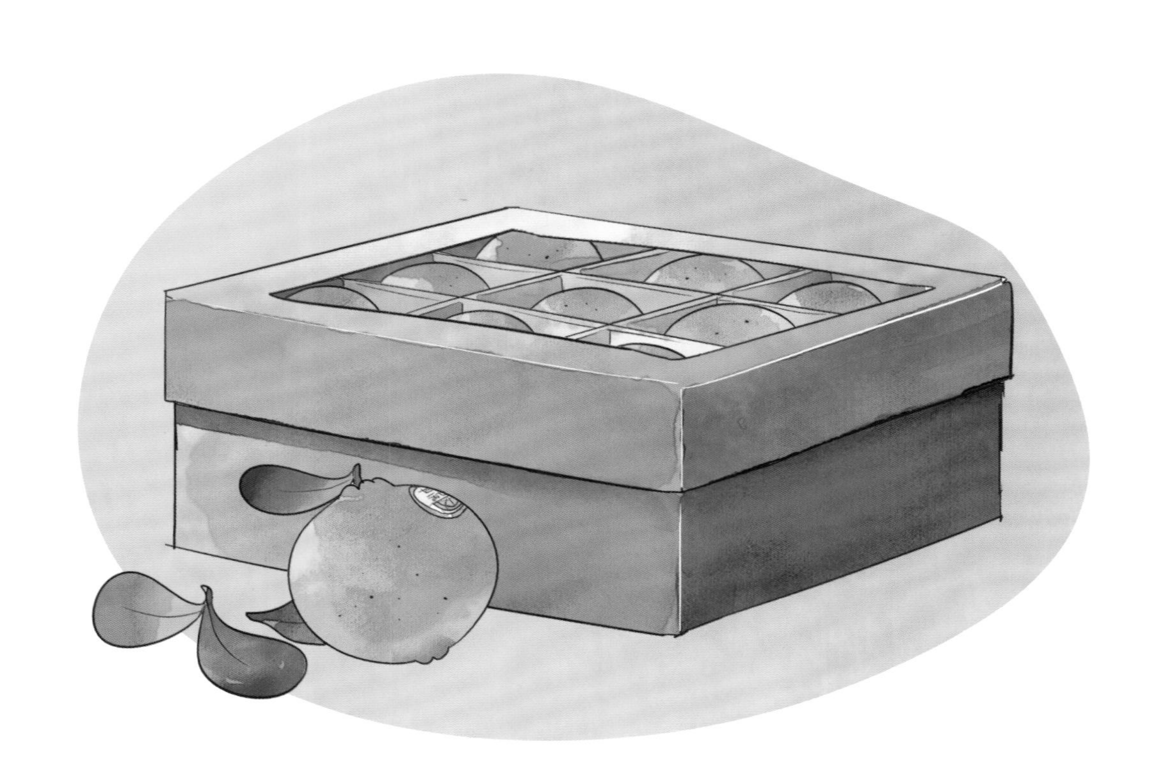

每棵树苗都得到了村民的精心呵护，每个甜心橙都凝聚了村民的心血。

甜心橙品质优良、供不应求，所以价格也不便宜，柑橘村的村民因此挣了不少钱，种橙的热情更高了。

这一年，到了收获的季节，猴跳跳尝了第一口甜心橙，发现味道不对。

猴跳跳赶紧跑去告诉村长象朵朵，今年村里产的橙子不像往年那么甜。

村民们急坏了，这可是柑橘村的头等大事。象朵朵紧急召集村民开会，分析问题出在哪儿。

象朵朵还请来资深的老前辈，希望他们凭借多年的经验，帮忙查找甜橙不甜的原因。

老前辈经过调查，发现问题出在过度种植上。为了让甜橙增产，势必要多种果树，但是果树种植过密会遮挡阳光，甜橙得不到充足的光照，导致甜度远不如以前。

“怎么办？”象朵朵再次召集了村民大会。会上，大家你看我，我看你，谁也不说话。

其实大家心里明白，想保证甜橙获得足够光照，不得不砍掉一部分果树。

猴跳跳心直口快，他赞成砍树，晚砍不如早砍。这样果林还有救，有助于甜心橙来年的生长。

象朵朵却有些犹豫，说：“大家辛苦了一年，刚有所收获，这时候砍掉那么多树，多可惜呀！这一年白干了。”

象朵朵的话说到了大家的心里。有谁能舍得亲手砍掉自己精心栽种的果树呢？村民们大多无法承受砍树后的结果，有的忍不住心疼地落泪。

长臂猿大叔站出来说：“事情没那么严重，甜橙的味道有些改变也尝不出来。今年就跟往年一样，收橙、卖橙，不会有问题的。”

“这是砸咱们自己的招牌啊！今年蒙混过去了，明年呢？味道一年不如一年，最终欺骗的是咱们自己。”猴跳跳认为品牌名誉最重要。

“这样下去，柑橘村的‘甜心橙’就彻底砸在自己手里了。”阿珊认为信誉是第一的。

“柑橘村有今天的名气，和几十年来的坚持是分不开的。没有前人种树，哪有我们现在乘凉。难道我们就为后人留一片没人要的橙子林吗？”猴跳跳很有远见。

“当然不能毁掉柑橘村刚刚建立起的品牌。产量再大，失去了宝贵的品质，一钱不值。”象朵朵坚决不同意降低品质。

“树还是要砍的。今年收的甜橙统一做成果酱。”

猴跳跳想出一个补救方法。

接着他又补充道："这么做对甜心橙是最好的宣传，为了保证甜心橙的良心品质，我们愿意牺牲利益，以真心换真心。"大家心里难受归难受，但还是一致通过了跳跳的办法。

经过一年的整顿，甜心橙找回了甘甜可口的味道。

　　柑橘村把甜心橙的品质看得比赚钱还重要，大家吃得更放心了。

普洱村

柑橘村
果果屋

知识银行

柑橘村的甜心橙因为过度种植而导致品质下降，是该像往年一样继续销售，还是暂停销售承担损失？村民们经过激烈讨论后，决定坚决保证甜心橙的质量，维护甜心橙的品牌。

品牌维护

品牌或者说信誉是商业社会中最珍贵的东西。品牌的最大特点就是建立起来很难，毁坏起来却很容易。因此，即使品牌已经建立，也要花时间和精力用心维护，尤其是在面临危机的时候。

决策方法

在决策时，通常会出现短期利益和长期利益的矛盾。一个好的决策方法就是想象自己站在未来，判断眼前的事情应该如何决策。不论是企业还是个人，如果只顾眼前利益，都会在不远的将来走向失败。

会讲故事的经济学

长臂猿巧卖新家具

羊东 著　图德艺术 绘

家具店的展厅
为什么
特别温馨漂亮？

新华出版社

阿珊家添了新成员，小熊猫欢欢的出生让全家沉浸在欢乐中。

新生命给家里带来新变化。阿珊首先想到的是换张大餐桌，所以她想到长臂猿大山的家具店去看看。

大山的手艺远近闻名。他打的家具结实耐用，样式新颖别致，从他手里出来的家具每件都是独一无二的。

阿珊一家体大身沉，使用大山打的桌椅好多年了，没出过一点儿问题。

阿珊还特别喜欢大山在家具上雕刻的花纹，清新古雅。

阿珊向大山描述了自己想要的餐桌是什么样子，大山详细地记录下来。

大山加班加点，赶制阿珊“理想”的餐桌。

没过几天，新的餐桌按照阿珊的要求做好了。阿珊看到别提有多喜欢了，比她自己想要的餐桌还要棒。

可是问题来了，餐桌大到他们俩根本搬不动，只好叫虎小哈和力哥来帮忙。

等到餐桌终于被搬到了阿珊家门口，问题又来了，餐桌大得进不了门。

实在没有办法，大山只好当场拆掉桌腿，虽然麻烦，但总比进不去强。

解体后的餐桌终于进了门。大山重新把桌腿和桌面黏合在一起，因为黏合乳胶需要一周的时间才能干透，所以餐桌只能四脚朝天地躺着。

经过这么一番折腾，虎小哈倒是想到一个办法：“早知道这么麻烦，还不如把桌面和桌腿分开，运到顾客家里后再组装，这样来回能省不少力气。”

这个办法太好了。大山深受家具的搬运之苦，特别是大号家具，每次搬运都是一场“灾难”。

就说象朵朵定做的柜子吧，好不容易搬到家，也是因为太大进不了门，最后只能拆开了从窗户往里运。还有力哥定做的书柜，因为太重，在搬运过程中碰坏了柜面上的雕花，大山为此痛心了好几天。

可是这样做也有新的问题，如果到顾客家里组装家具，随行带的大小工具不说，等乳胶干透还需要好几天时间，顾客能乐意吗？

大山思前想后也没想出更好的办法，但问题拖着是拖不出来办法的，他想到跳跳主意多，主动去找跳跳求教。

“如果让大家自己组装家具，会不会也是一种乐趣呢？”跳跳觉得自己组装挺有成就感，“前提是家具的设计要非常简单，我们没有你的手艺，如果组装过程太复杂的话，这个方法可行不通。”

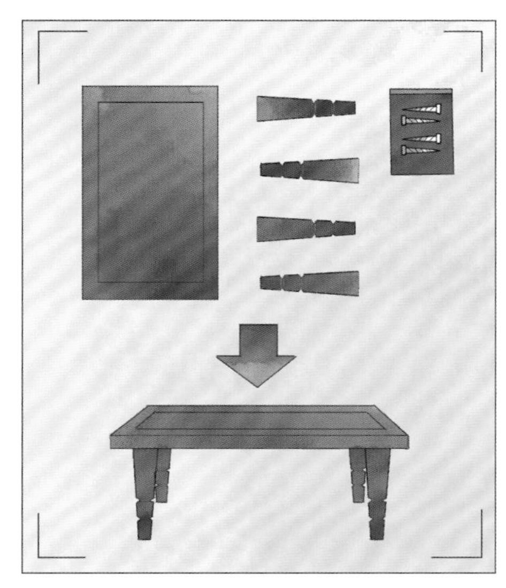

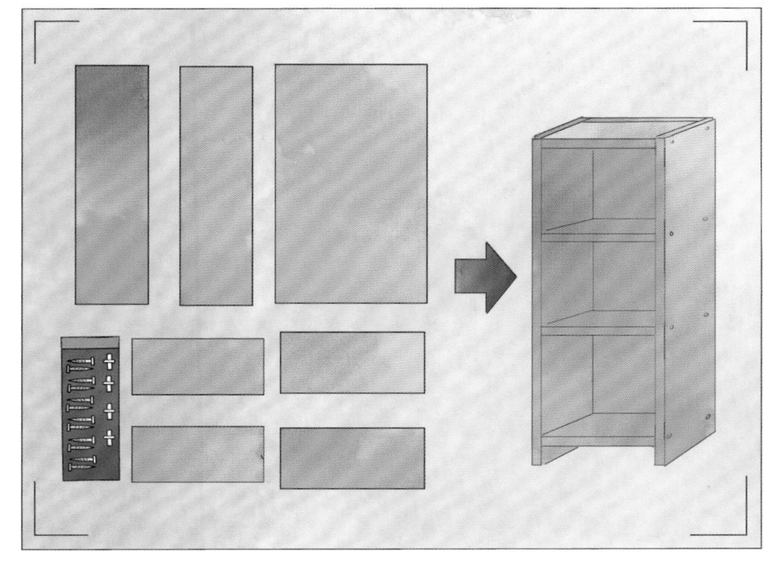

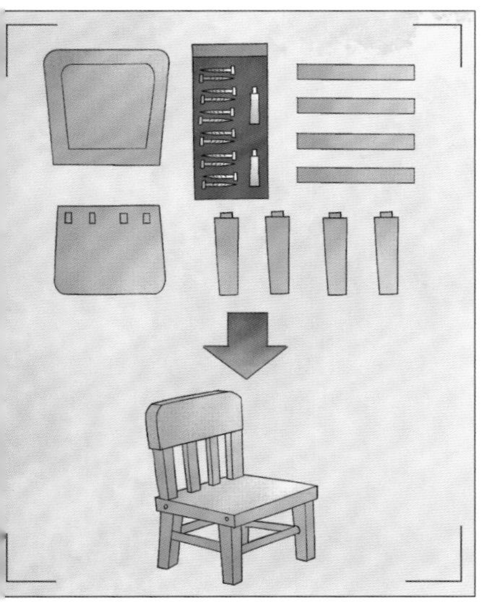

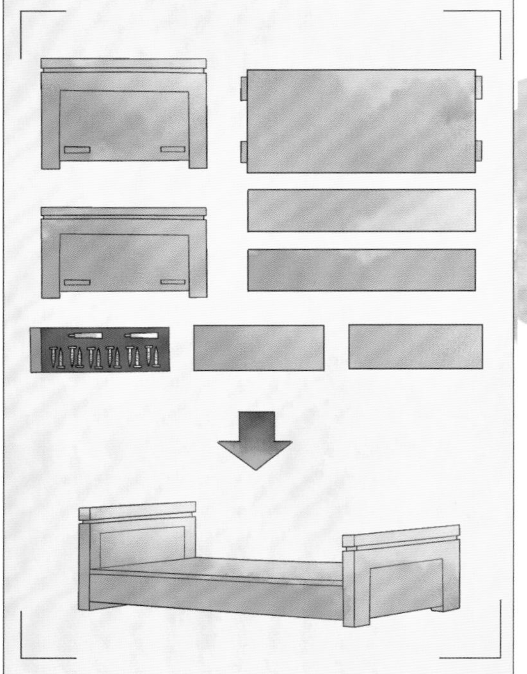

“家具是组合式的，可以按部件拆装。”具体方案已经在跳跳脑中形成了。

是啊，问题层出不穷，怎样才能完美解决呢？

做家具是门手艺，学下来没个十年也要八年的工夫，要是人人都能自己动手做家具，还要木匠干什么呢？

除非我简化家具的设计，各部件的连接处不用乳胶，而是榫卯拼接再用螺丝辅助，这样应该不会影响家具的牢固。

好办法！这就和组装自行车是一个道理。

跳跳给大山算了一笔账，这么做下来非常划算。

如果只生产标准的家具部件，难度降低，徒弟们的工作速度加快，产量也会提高。

如果让顾客自行组装家具，成本会大大降低，家具的价格也能降下来，而大山在每件家具上赚的钱并不会减少。

家具的价格下降还能刺激消费。

这样算下来，顾客花的钱少了，家具店赚的钱多了。

大山兴奋得难以入睡，连夜设计组装式家具。

更让他兴奋的是，他发现很多部件其实是可以通用的。

例如隔板、桌腿，还有螺丝、螺母等，只要把部件标准化，家具组装的难度也降低了。

长臂猿家具店

经过半年多的努力，组装家具从设计到部件生产顺利完成了。

万事俱备，组装家具正式入驻家具店。

为了主推组装家具，大山把组装部件摆放在店里醒目的位置。

然而让他失望的是，新式的组装家具无人问津，顾客还是选购传统家具。

唉，想想也对，谁会费力气自己组装家具呢？
问题出在哪里呢？

跳跳觉得不是组装家具的问题："你应该准备一些样品，想办法让顾客明白你的创意。不然谁会明白摆在这里的这些板子能组装成柜子？"这才是问题所在。

“有道理。”大山光想着怎么设计了，漏掉了营销这一重要环节，“既然新的产品从顾客角度出发，那就要让顾客体验到组装家具的优势，人家才会有购买的愿望。”

“最好重新设计一下家具店，分隔成餐厅、客厅和卧室，再把家具分门别类地摆进去。这样顾客的体验会更好。”跳跳说。

“对，这样顾客可以在脑海里想象家具放在自己家里是什么样子。”大山决定要让家具店焕然一新。

家具店停业重装。样板间从最开始只是大山和跳跳的一个想法，到现在渐渐有了模样，最后的成品比他们想的还要好。

在大山的精心布置下，每个样板间都很温馨，像家一样。

重装开业后的家具店赚足了村民们的眼球。想买家具的，一定会进来看看有哪些适合自己家；没想买家具的，也想进来看一看装修风格，客厅的家具怎么摆更好。

最后看着看着，大家都想换新家具了。

组装家具受到前所未有的欢迎。猪古立换了一个心仪已久的三层柜；象朵朵终于如愿以偿，自己组合了一个八层柜。

一时间，“自己动手组装家具”成了热议话题。

消息一传十、十传百，大山店里的家具供不应求，他只好扩大了加工规模，装修了更多的样板间。大山还跟力哥合作，让组装家具销售到更多更远的地方。

领航贸易

普洱村

柑橘村
果果屋

知识银行

家具搬运的实际困难，使得长臂猿大山把家具重新设计成了可拆装组件，极大地提高了家具的生产效率，降低了生产成本。为了让用户能看到家具组装好的样子，大山重新布置了展厅，给用户以身临其境的感觉，极大地带动了组装家具的销售。

工业化

把一个物品分解成标准的零部件，用专门的机器大规模生产，统一装配，这个过程就叫作工业化。工业化深刻地改变了世界，不但使生产效率得到极大提高，还实现了标准化，例如零件可以在多种场合下使用，磨损后可以更换。

场景营销

用户在购买产品的时候买的不是产品本身，而是产品在特定场景中的使用价值。在卖产品的时候，让用户有身临其境的感觉，让商品看得见摸得着，这样可以使顾客更加轻松地做出购买决策，是促进销售的好办法。

会讲故事的经济学

山羊医生的警告

羊东 著　图德艺术 绘

新华出版社

有时候，虎小哈会觉得时间过得好快，一天在忙忙碌碌中就过完了；有时候，虎小哈又觉得时间过得好慢，怎么还不到泼水节呢？

今天，大家抽空齐聚一堂，就是要商量泼水节怎么过。

还没等他们进入正题，就被慌慌张张进来的山羊医生打断了。

好像是耶!
出了什么事吗?

正在这时，跳跳“哎哟哎哟”地叫着疼，急匆匆地跑了出去。

跳跳回来的时候脸色苍白。

山羊医生一脸急切：“你是不是拉肚子了？”说着伸手摸了摸跳跳的脑门儿。

“你还有些发烧，去我的诊所里拿点药，然后回家休息。”山羊医生恢复了镇静，给跳跳开了药方。

跳跳走后，山羊医生才说他急着赶来的原因：“最近来我诊所看病的患者暴增，症状大多是发烧、拉肚子。我担心是传染性痢疾，如果不及时控制，患者数量还会不断增多。”

其实，山羊医生说出了大家共同的心病，阿珊愁容满面："是啊，最近开心幼儿园里有一半小朋友没来，好像都是因为拉肚子。"

红鹤阿公激动起来："是啊，我家孩子也得了这个病！吃了药也没见效，我们也为这事发愁呢。"

“唉，谁还有心情过什么泼水节啊，这种怪病流行起来，我看只能求老天保佑喽。”红鹤阿公急得不知道怎么办好了。

“这可不是什么怪病，别自己吓自己。”听了红鹤阿公的话，山羊医生既好气又好笑，“据我分析，拉肚子的主要原因是食物和水不卫生。”

“不卫生？以前咱们都是这么过日子的，也没出过这种事啊。”红鹤阿公还是想不通。

两只苍蝇像是听到了山羊医生的话，嗡嗡地飞过来吵闹，虎小哈赶快把苍蝇轰出去，他可不能让自己的餐馆背上不卫生的黑锅。

“这件事必须引起重视。苍蝇会通过患者的粪便传播病菌，病菌经过大面积扩散就会引发瘟疫。”山羊医生提醒问题的严重性。

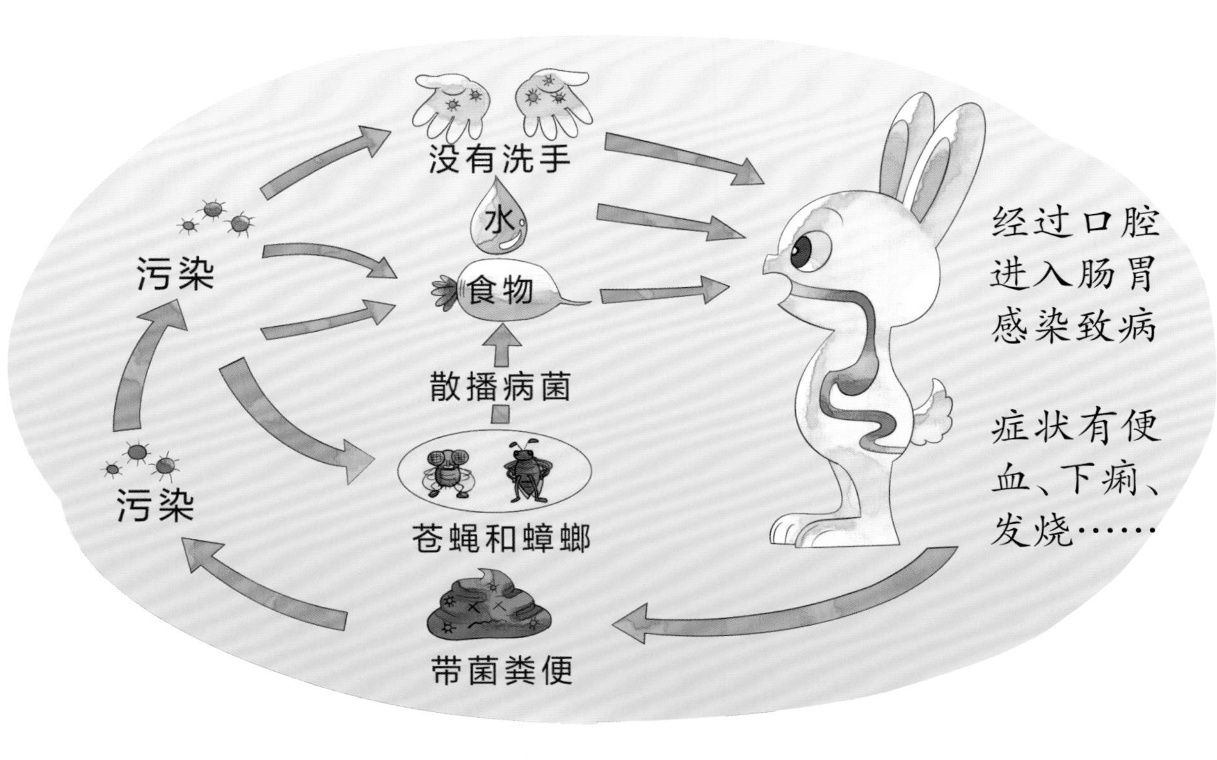

病菌的传播路径

“您快说说该怎么办吧！”大家都被“瘟疫”这个词吓坏了。

“疾病控制要从公共区域的卫生抓起，特别是餐饮行业，更要严管，杜绝病菌传播。后厨和操作台及时清理，厨余垃圾不要存放过久。”山羊医生语重心长，虎小哈和猪古立这下明白医生的来意了。

“个人卫生也不容忽视，勤洗手是基本要求。还要大量普及灭蝇工具，彻底消灭病菌进一步传播的可能。”山羊医生是有备而来的。

“要说从根本上解决问题的话，村里要增加公共卫生间，更要保证公共卫生间的卫生。”阿珊把山羊医生提的要求都详细地记录下来。

说到公共卫生间，红鹤阿公想到了来旅游的背包客。他经常收到背包客关于村里卫生情况的投诉，因为村民们都看习惯了，所以听到投诉并不以为意。

但是现在看来，卫生情况真的很重要，说严重点儿，这关系到全村的生死存亡啊！
太不卫生了！

“那还等什么呀？现在就行动吧！”虎小哈积极响应。

“公共卫生间建起来并不难，但是……谁愿意打扫呢？”阿珊这么一问，大家傻了眼，谁愿意受这种累呢？

“粪便是最好的肥料，不是吗？换个角度看就是宝啊。”山羊医生说得有道理。

“对啊！我们庄稼人最需要肥料了。”
红鹤阿公想到了租种自家田地的牛吉力。

说着，红鹤阿公展翅高飞，赶去找牛吉力。

很快，红鹤阿公就把牛吉力带到了大家面前。

山羊医生又耐心解释了一遍，牛吉力边听边点头。

等山羊医生说完，阿珊才说出大家的想法："吉力，如果公共卫生间建成了，你愿意做清理卫生间的工作吗？"

牛吉力哈哈大笑，他当然愿意了，这下不用再为地里庄稼的肥料发愁了。这可是一举多得的好事。

就这么愉快地决定了！

接下来，阿珊召集紧急会议，请山羊医生给全体村民讲解传染病的传播途径和防治方法。

虎小哈强调了卫生的重要性，号召大家不仅要维护公共卫生，更要做好个人卫生。

猪古立画好了公共卫生间的建筑图纸，图纸被大家确认无误后，公共卫生间破土动工。

公共厕所
男
女

大家齐心协力，村子的卫生情况大为改观。

牛吉力一家兢兢业业，将公共卫生间的干净整洁负责到底。

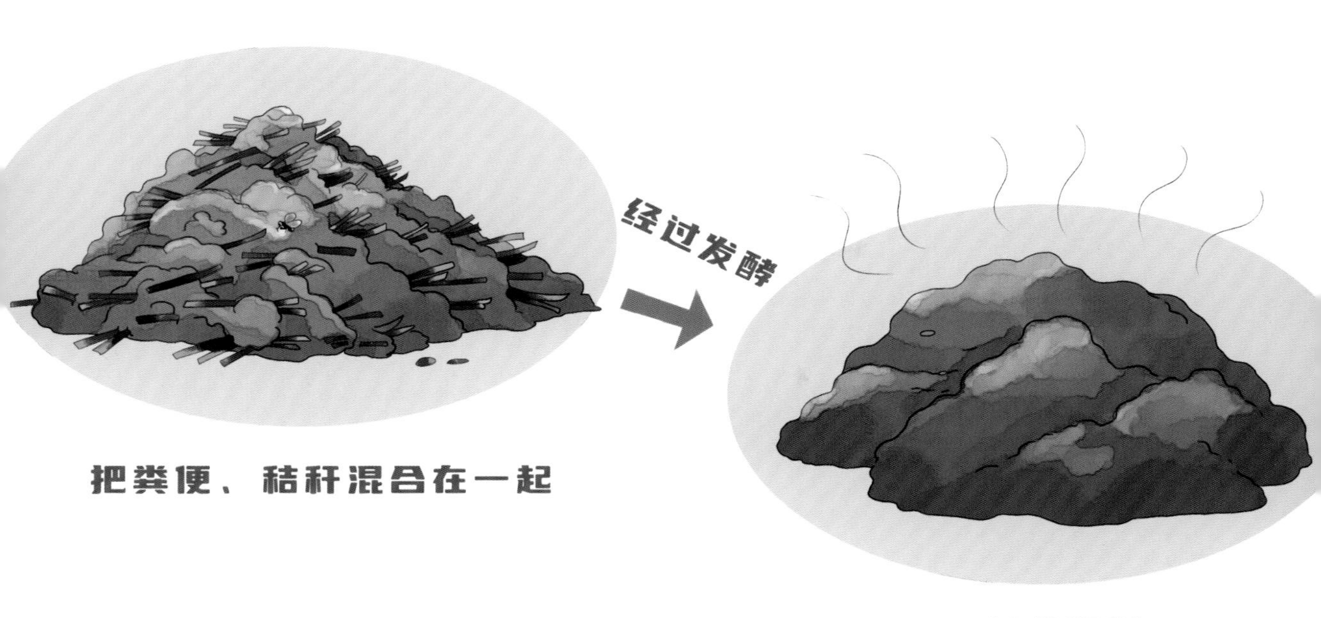

把粪便与秸秆混合，经过一到两周的时间发酵，消除臭臭的味道，成为优质的无污染肥料。

公共卫生间的清洁问题解决了，田地里的庄稼因为肥料充足，收成比往年都好。还有不少村民从牛吉力这里采购肥料，因此牛吉力家又增加了一笔收入。

美美
普洱村

柑橘村
果果屋
西西自行车厂

知识银行

面对即将爆发的传染病，全村人通过修建公共卫生间去除了传染源，通过消灭苍蝇和蚊虫切断了传染病的传播途径，达到了防控疾病通过关键节点大规模扩散的目的。

传播学

消灭传染源，切断传播途径，控制关键节点，保护易感人群，是控制传染病传播的核心措施。而这些方法的逆向应用，则是企业推广品牌的好办法。

公共卫生建设

人类的历史也是和疾病的斗争史。今天舒适的生活离不开全社会在卫生环境建设上的长期努力。抽水马桶的使用和公共厕所的普及，被多次评为推动人类社会进步的重大举措，对改变人类的生存环境起到了至关重要的作用。

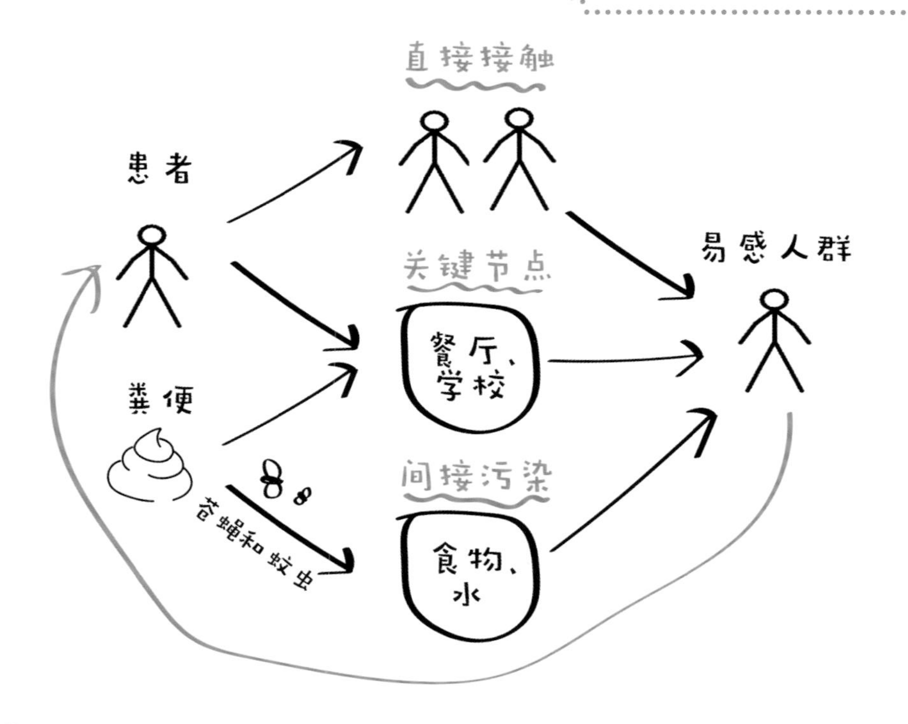

传染病传播过程示意图

会讲故事的经济学

让钱动起来的银行

羊东 著　图德艺术 绘

新华出版社

领航贸易公司让金沙河沿岸都热闹起来，水牛力哥让普洱村的茶叶、柑橘村的甜橙“走”了出去，又让各地的物产“来”到了繁华的集市。

生意越做越大，力哥却高兴不起来。这是为什么呢？

一天，熊猫阿珊接到力哥的电话：“阿珊，今天中午有空一起吃午饭吗？”阿珊满口答应。

阿珊知道力哥一心扑在工作上，很少有空休息，这次他一定是有十万火急的事。于是，阿珊早早来到美美快餐店等力哥。

阿珊才坐下不久，力哥就到了。不等松口气，力哥就直入主题：“我遇到了一个大难题。”

“别急，慢慢说。”阿珊知道事情越急越要慢慢说。

“这事积压好久了，我实在想不出好办法。是这样的：山羊大叔想进一批米酒，但他只付得出订金，而江下游的熊叔要求交全款才发货，之前碰到这种情况我都是以公司的名义垫一部分款……”

拜托了，我现在手头
儿紧，只能付这些。

对不起，本小店
利薄，概不赊欠。
我们也垫不
出这么多钱。
酒
酒

“结果垫的钱越来越多，我实在拿不出钱来了。”力哥愁眉不展，他为这事发愁不是一天两天了。

“不垫款生意就做不成，你又觉得对不起人家。”阿珊一语中的。

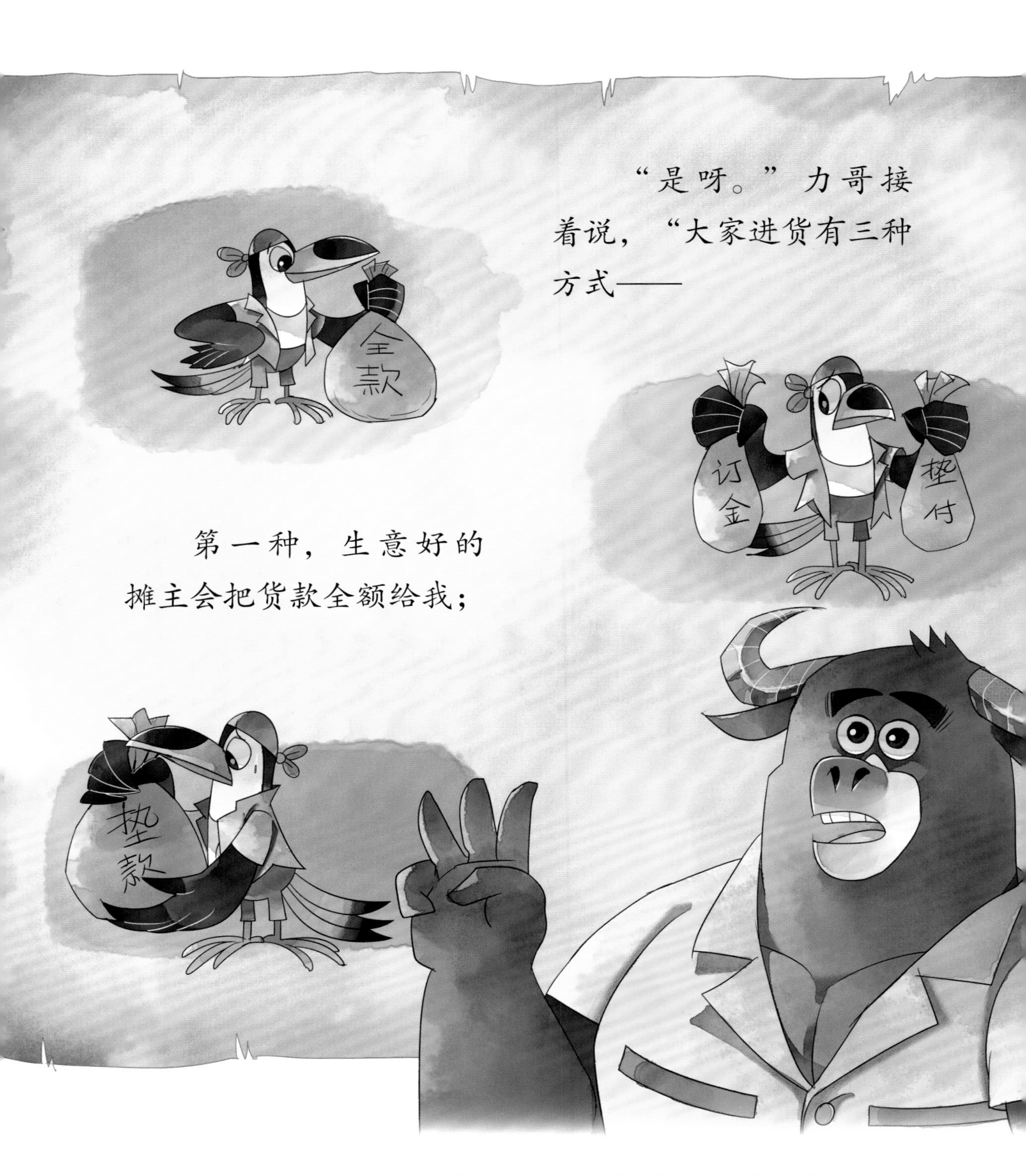

“是呀。”力哥接着说，“大家进货有三种方式——

第一种，生意好的摊主会把货款全额给我；

第二种，大部分摊主先交订金，货到后再付全款；

第三种，有的摊主资金周转没那么灵活，我就先垫付买货，运到他们的摊位时，再一手交钱一手交货。”

“现在的问题是，买家要求货到付款，卖家要求一手交钱一手交货。大家进的货越多，需要我垫的钱就越多，我哪有那么多钱啊。”力哥愁得完全没有食欲。

“对，这里有一个时间差的问题，运输和销售都需要时间，谁也不想把钱压太久。”阿珊很理解。

“是啊，钱压在货上动不了，又没有新的收入，公司还怎么开下去？”力哥一肚子苦水。

“是啊，”阿珊边吃边说，“集市的生意红火，进货量日益增多，但只是苦了你。”

“我想不通的是，生意越火，我怎么越缺钱呢？”力哥糊涂了。

“咱们可以向朋友们求助，如果他们愿意借钱，也许你就能渡过这道难关，后面就柳暗花明了。”阿珊总是很乐观。

“好主意！货物在我的船上，作为抵押，保证借来的钱能还回去。借款能收利息，比放在自己手里强。”力哥豁然开朗。

阿珊迅速行动，马上向朋友们发出邀请。猴跳跳、猪古立、虎小哈和象朵朵收到消息马上就赶来了。

听了力哥的描述和熊猫阿珊的建议，大家纷纷表示愿意借钱给领航贸易公司。

象朵朵想到一个问题："为什么没有一家专门借钱的公司呢？"

"这有什么不同吗？"猴跳跳问。

“有非常大的不同！”象朵朵说，“这样就不是向个人借钱了啊，能为力哥省不少麻烦。力哥或者买家可以直接向借钱公司借款，同时用运输中的货品做抵押。还有一个好处，大家可以把手头的闲钱存进借钱公司赚利息。这样一来，钱就‘活’起来了，需要用钱的有钱用了，暂时不用的钱也能有更多的用途，这是一举多得的好事。”

“这就是银行吧？”猪古立对银行略知一二。

“对啊！就叫‘银行’。银行作为中间机构，让大家各取所需。”象朵朵回答道。

“咱们的银行就叫金沙河银行。”猴跳跳提议。

“嗯，这是件好事，咱们这地方需要一家银行，让钱流通起来更有效率。”象朵朵总结道，“但是，大家会愿意把钱存进银行里吗？”

“让闲钱生钱，谁听了都会心动。倒是咱们怎么管好这些钱才是真正的学问呢！”猪古立又说到了关键。

阿珊建议："象朵朵做事稳重，猪古立考虑问题细致，不如你们俩一起负责开银行的事情，有什么问题大家再一起商量。"

"谢谢信任。"象朵朵说，"大家把辛辛苦苦挣来的钱存在银行，我们一定会尽心尽力管好的。"

就这样，金沙河银行成立了。力哥、阿珊、猴跳跳、象朵朵、猪古立和虎小哈成了银行的创始股东。

象朵朵任银行董事长，猪古立是第一任行长。

领航贸易公司理所当然成为了银行的第一个客户。但是大多数村民对银行是做什么的还是不太了解。

现在，力哥的领航贸易公司有了充足的资金，他再也不用像以前那样为垫款的事情愁眉苦脸了。

只是金沙河银行自成立以来，来存钱的村民并不多。

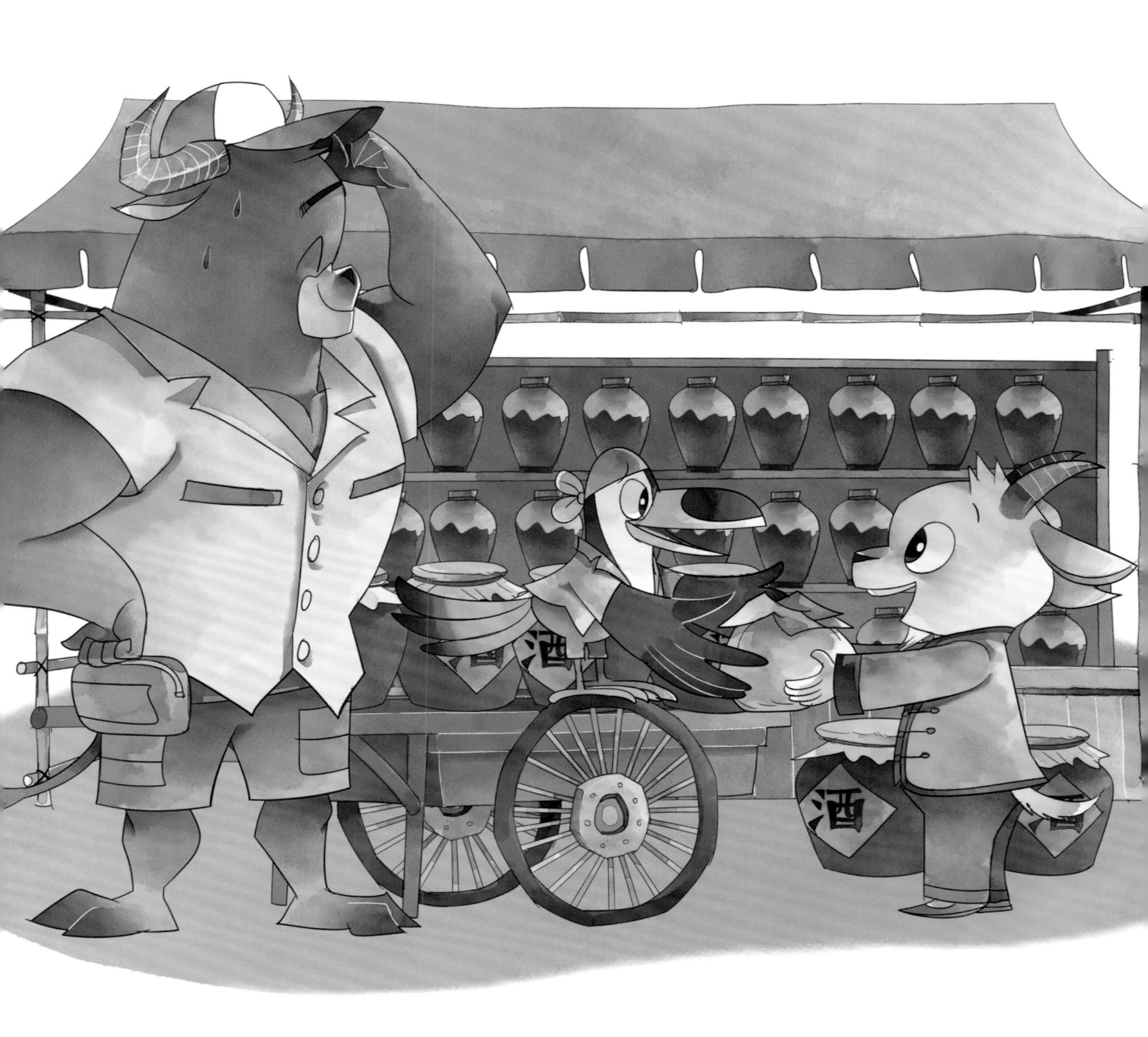

“你之前的担心是对的，大家都觉得存钱是把钱放到别人兜里，不太放心。”猪古立一时没了主意。

“别着急，凡事都有一个适应的过程，咱们要耐心向大家普及银行的作用。”象朵朵是有信心的。

做起辣酱生意的丽花阿婆最近接到一个大订单，但她一时拿不出那么多钱采购原材料。在象朵朵的建议下，她向金沙河银行申请了贷款，及时完成了订单，赚的钱比贷款的利息多多了。

阿珊鼓励女儿三宝把零花钱存进金沙河银行，三宝又鼓励朋友一起去存钱。看到零花钱在账户里变多了，孩子们高兴极了。

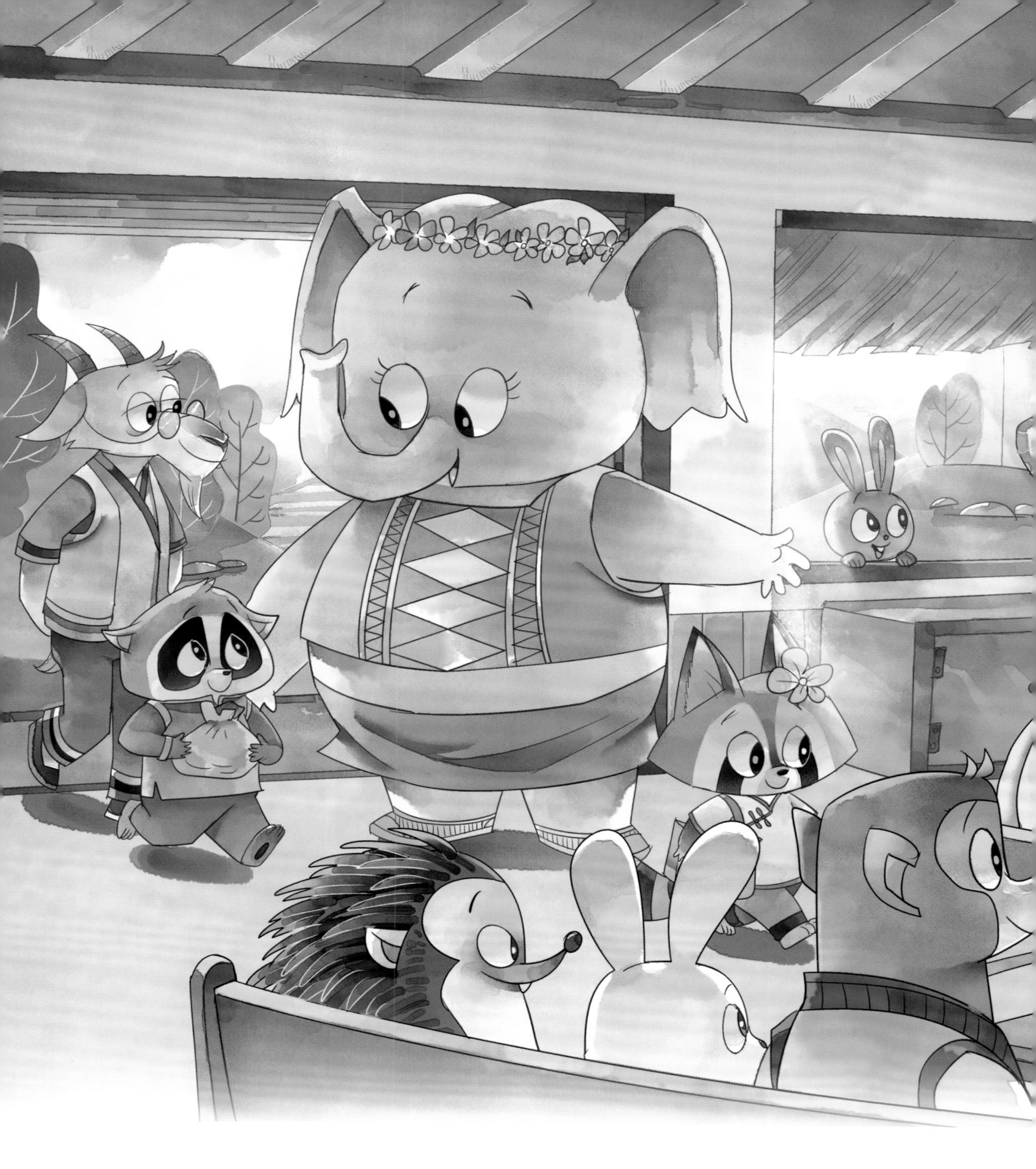

村民们看到了银行的好处，便陆陆续续来办理业务，有存钱的，有借钱的。渐渐地，金沙河银行顾客盈门，办理业务居然需要排队了。

村民们对银行业务了解得越来越多，他们会根据自己的情况来让银行为他们理财。钱在银行里被调动起来，创造出了更多的价值。

普洱村

柑橘村
果果屋
西西
自行车厂

知识银行

想一想，故事里的水牛力哥遇到了什么问题？在商品买卖的过程中，企业对资金有巨大需求，这时候就需要银行提供支持。银行通过吸收大众存款，积少成多，并通过贷款让钱充分流动起来，为企业解决了资金周转的难题。

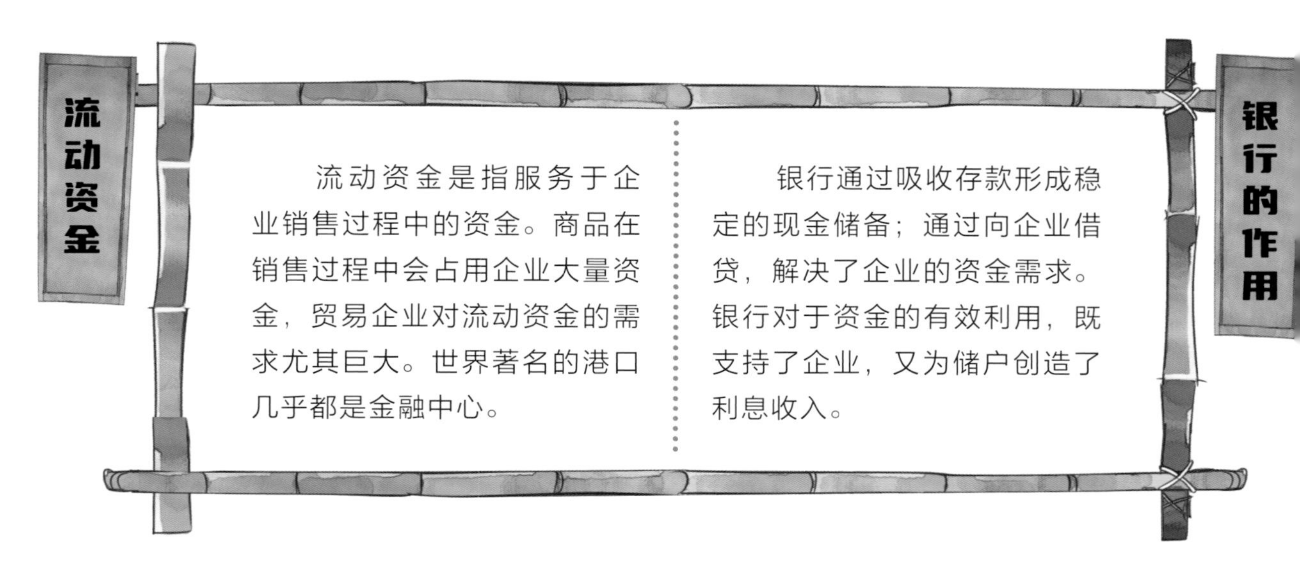

流动资金

流动资金是指服务于企业销售过程中的资金。商品在销售过程中会占用企业大量资金，贸易企业对流动资金的需求尤其巨大。世界著名的港口几乎都是金融中心。

银行的作用

银行通过吸收存款形成稳定的现金储备；通过向企业借贷，解决了企业的资金需求。银行对于资金的有效利用，既支持了企业，又为储户创造了利息收入。

银行是如何让资金流动起来的呢？你可以从下图中一目了然！

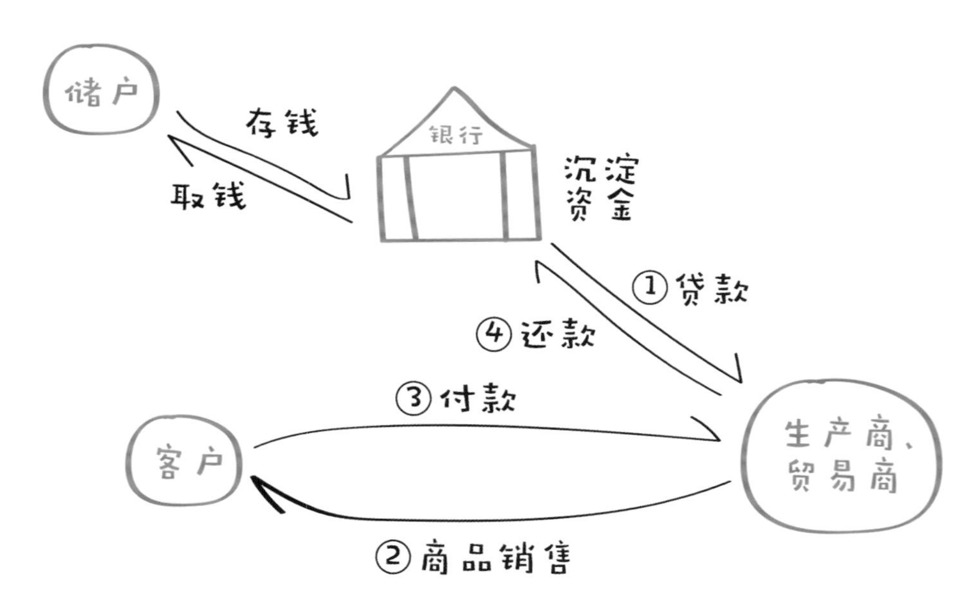

会讲故事的经济学

小象噜噜成了消防员

羊东 著　图德艺术 绘

阿婆家失火了，
以后多加小心就行吗？

新华出版社

清凉如水的夏夜，象朵朵一家在月光下吃着晚餐。

小象噜噜正是长身体的时候，好像吃多少都吃不饱的样子。

突然，从不远处传来呼救声——
着火啦！救火啊！

朵朵一家大惊失色，放下饭碗，拿起水桶，朝呼救声传来的方向狂奔而去。

从丽花阿婆家的厨房里冒出了滚滚浓烟，一家人正在手忙脚乱地扑救。

街坊四邻听到呼救声纷纷赶来救火。你一桶水，我一桶水，一桶桶水泼过去，可是火势丝毫没有减弱的趋势。

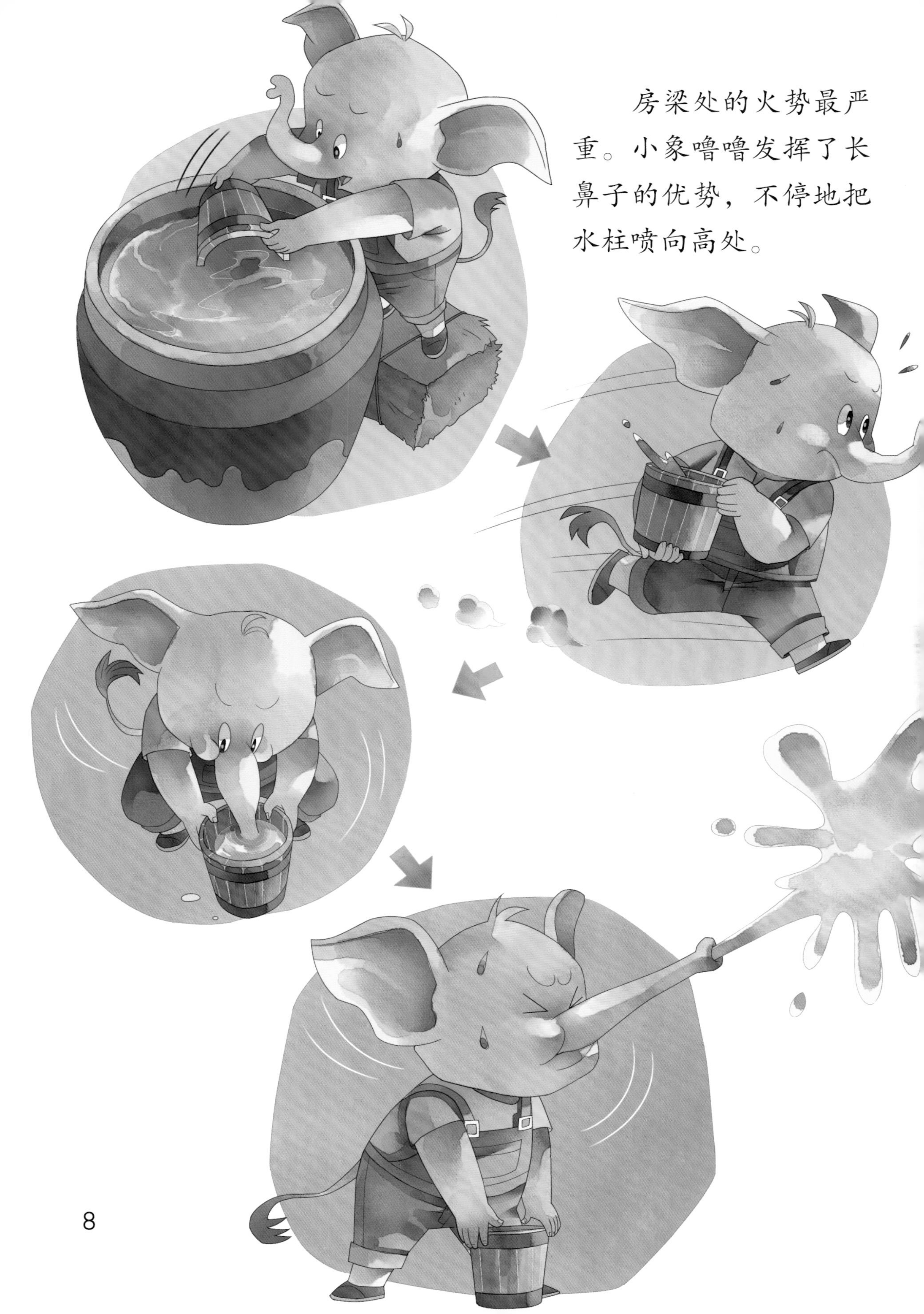

房梁处的火势最严重。小象噜噜发挥了长鼻子的优势，不停地把水柱喷向高处。

就在十万火急的时刻，小象噜噜一声大喝，制止丽花阿婆“救火”。为什么呢？大家定睛一看，原来情急之下的丽花阿婆慌了神，差点儿把一锅辣椒油往火上浇。

水缸里的水已经见底，眼看火势就要蔓延开来……

正在大家束手无策的时候，水牛力哥闻讯赶来了，他没有拿水桶，而是抱着个罐子。

只见力哥沉着冷静，他摇了摇手里的罐子，拔掉罐子上的保险销，在离火焰两米远的地方，右手按下压把。

在力哥准确无误的操作下，罐子非常“听话”，喷出一股股白粉末。

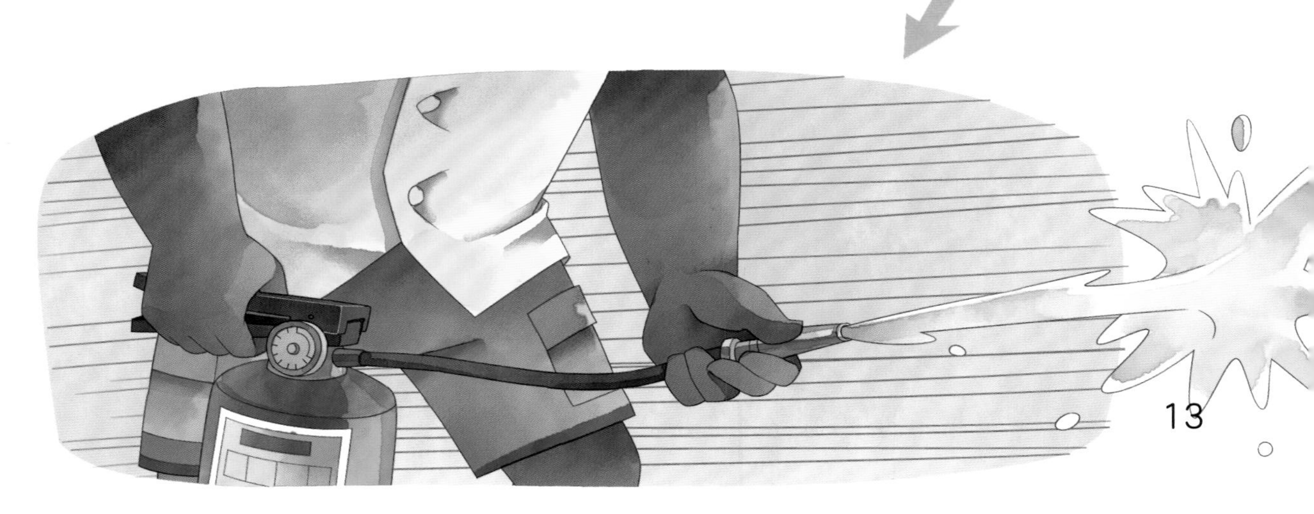

愤怒的火苗遇到白粉末，不一会儿就没有了气焰。

小象噜噜为力哥的英勇欢呼。

原来，水牛力哥带来的是灭火器。

之前大家都没有意识到灭火器的重要性，谁会想到自己的家离火灾这么近呢？

火被扑灭后，查找火源成了重中之重。

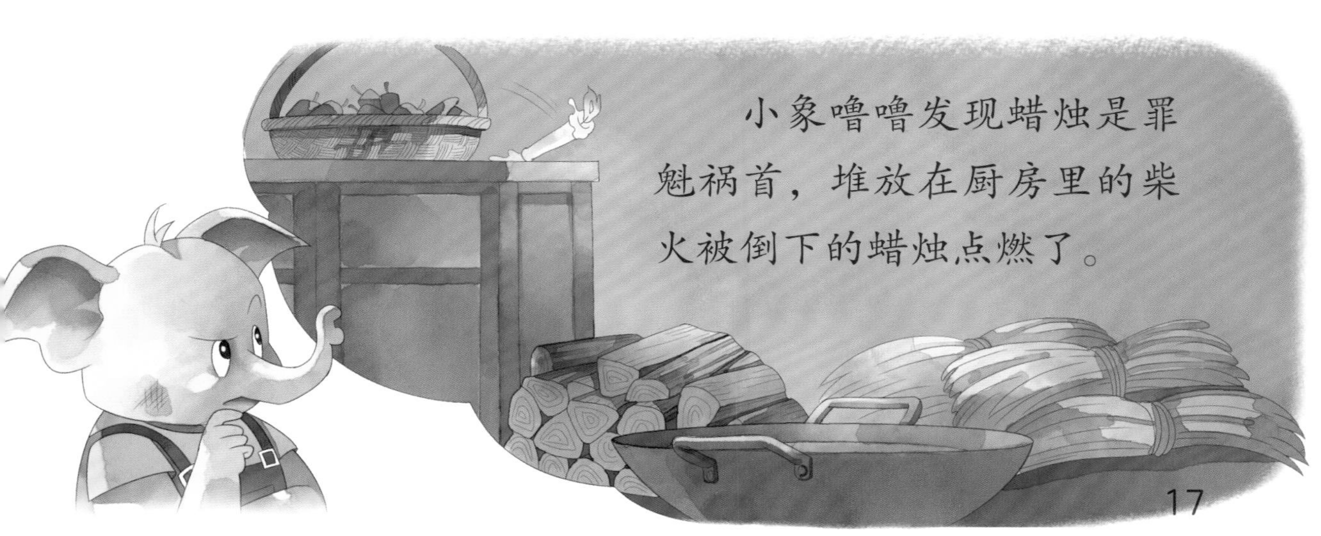

小象噜噜发现蜡烛是罪魁祸首，堆放在厨房里的柴火被倒下的蜡烛点燃了。

您家停电了吗？怎么用完蜡烛后没有及时熄灭？
哼，因小失大，我看她就是不会用发电机。
唉，年纪大了忘性也大。

红鹤阿公启动了发电机，屋里一下子亮起来。

还好火灾被及时控制了，但是看到家里一片狼藉的样子，丽花阿婆别提多心疼了。
唉，可惜了我的辣酱啊。

大家对刚才的大火仍然心有余悸。象朵朵满脸忧虑："如果是大诚集市发生火灾，又没能及时发现，后果不堪设想。"

为了安全起见，我看每家都应该配备灭火器。

灭火器不便宜，而且有保质期限。大家即使舍得买，也不一定会定时更换。

更好的办法是建立消防站。平时消防队巡逻检查，杜绝安全隐患，一旦发现火情，消防队员能够在第一时间进行专业及时的救援。

对，在人口密集的区域建消防站非常有必要。消防站一般选在方便消防车出入的地方，站里配有水车、灭火器等消防物品，还得有消防队员。

不必那么麻烦，我以后会注意的。
消防站不是为咱们一家服务的，这是对全村都有益的大事。以前普洱村着过一次大火，当时半个村子都被烧掉了呢。

丽花阿婆家发生的火灾，应该引起大家的重视。这次是侥幸扑灭了，如果力哥晚来一步，或者根本没来，那么后果会有多可怕！建消防站是非常有必要的，为了我们自己家的安全，更为了咱们全村的安全。

象朵朵认为建消防站是全村的事："消防站关系到家家户户的安全，需要每家每户的支持。希望大家献出自己的那份力量，共同保护我们的家园。"

同意建消防站的请举手!
村民大会

于是，桃花岛、普洱村和柑橘村分别建立了消防站。

消防站
站

小象噜噜经过专业培训后，成为正式的消防队员，负责消防站的工作。

除了定期检查和更换设备，噜噜还会为村民普及消防知识：易燃物品的存放方式，明火要有人看管，让孩子远离火源……

这天，大诚集市准备做第一次消防安全演练。

发现火情第一时间报警。
你去报警，我在这儿盯着。
好的。

当警铃急促地响起时，集市里没有出现混乱，在管理员的引导下，摊主和顾客从紧急出口有序撤离。

阿珊守在集市入口，等大家全部安全离开。

小象噜噜带领训练有素的消防员赶到失火点，及时消灭了火源。

消防安全演练结束了。给大家留下深刻印象的不仅仅是消防队员的英勇，更是防火的安全意识——消防安全，从我做起。

普洱村

柑橘村
果果屋

丽花阿婆家的火灾提醒村民们必须对风险主动防控。大家建起了消防站，并定期举行消防演习，大大降低了火灾风险。

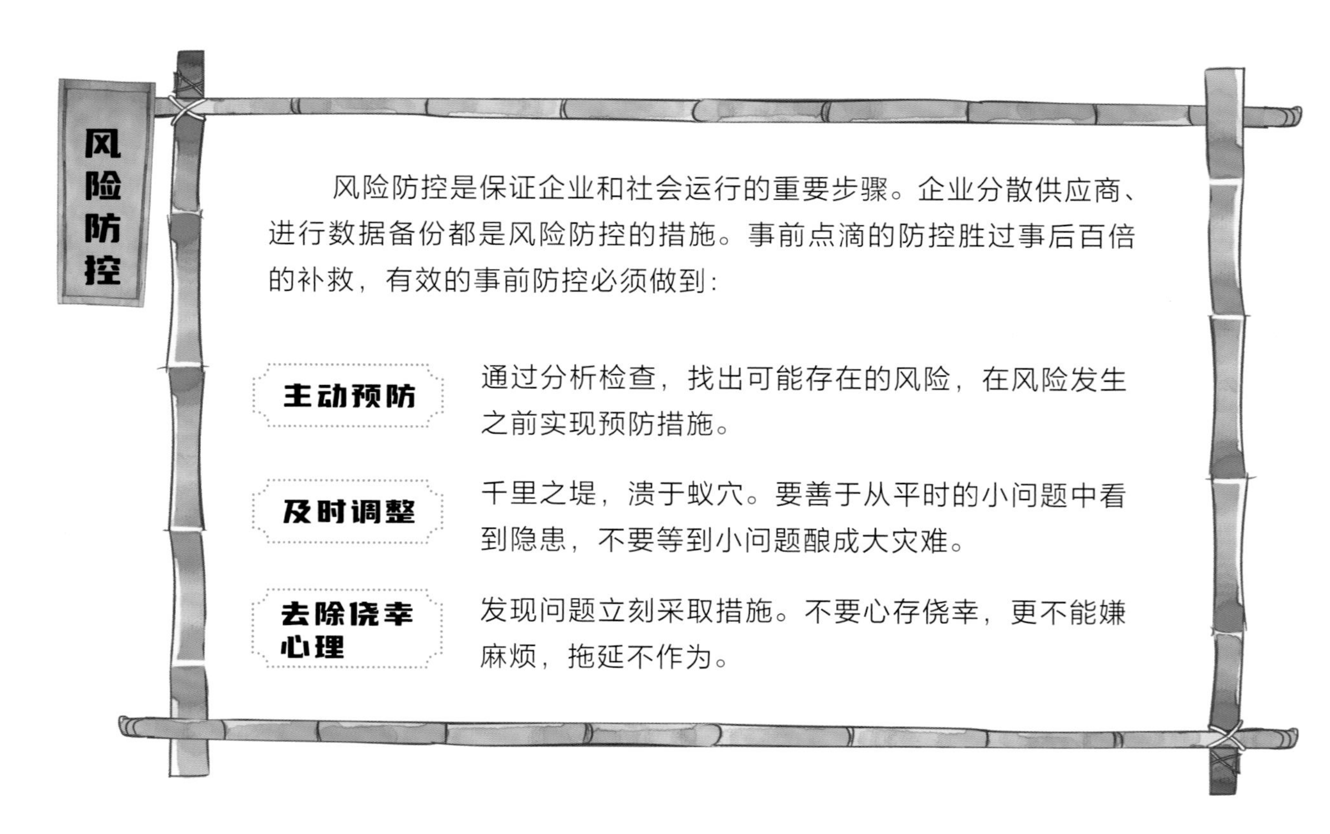

风险防控

风险防控是保证企业和社会运行的重要步骤。企业分散供应商、进行数据备份都是风险防控的措施。事前点滴的防控胜过事后百倍的补救，有效的事前防控必须做到：

主动预防 通过分析检查，找出可能存在的风险，在风险发生之前实现预防措施。

及时调整 千里之堤，溃于蚁穴。要善于从平时的小问题中看到隐患，不要等到小问题酿成大灾难。

去除侥幸心理 发现问题立刻采取措施。不要心存侥幸，更不能嫌麻烦，拖延不作为。

会讲故事的经济学

两村一岛的水电站

羊东 著　图德艺术 绘

自家柴油发电
是长久之计吗？

新华出版社

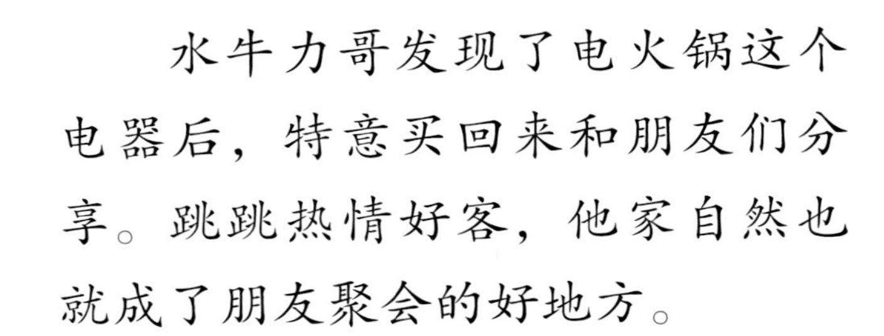

水牛力哥发现了电火锅这个电器后，特意买回来和朋友们分享。跳跳热情好客，他家自然也就成了朋友聚会的好地方。

大家热热闹闹地围坐在一起，打开电火锅准备享用大餐。

突然，一声巨响后，
房间陷入一片黑暗。

猴跳跳马上想到问题出在柴油发电机上，一定是电火锅的功率太大，发电机不堪重负。

果然是发电机出了故障：柴油用完了。

天哪，一晚上都没电的话，冰箱里的东西会坏一大半。

店里没有，可以去别人家借点儿，熬过今晚就行。

跳跳心急火燎地跑到美美快餐店去找猪古立，没想到西西也在那里。

跳跳和西西因为自行车竞争的事，谁也不服谁，心里结下了疙瘩。

听说跳跳想借柴油，猪古立面露难色，原来最近柴油缺货，快餐店里的存货也不多了，明天开店还要用呢。

听到水牛力哥的保证，猪古立才痛快地拿出柴油。

这时，红鹤阿公正巧路过，看到一伙人手忙脚乱的，想知道出了什么事。

唉，柴油发电机用起来太不方便了，最近我家的发电机总犯毛病，上次还差点儿把厨房烧了。

红鹤阿公被说得面红耳赤。

“是啊，用柴油发电早就过时了。”水牛力哥也替红鹤阿公解围，“现在柴油的消耗大，光是满足家庭用电都困难，供应不足是常事。”

“那怎么办？我们开店耗电量大，不用柴油发电用什么发电？”猪古立和猴跳跳面面相觑。

“有没有一种功率强大的发电机能给全村供电呢？这样既能减少浪费，也安全环保。”西西提的建议不是没有可能，但是跳跳心里还是不服西西。

“如果能集中供电那就太好了。”想到不用烧柴油就能用上电，既不用听发电机的嗡嗡声，也没有了修理发电机的麻烦，红鹤阿公的愁眉舒展开来。

你们听说过水电站吗？

水电站？快给我这老头子说说是怎么回事。

水牛力哥走南闯北见多识广：“水电站是利用水的落差来发电，保证全村人的用电没问题。”

“不过，修建水电站可是个大工程，需要很多人力、物力和财力，而且不是一天、两天能建成的。”力哥知道这事儿不是他们几个能做得了主的。

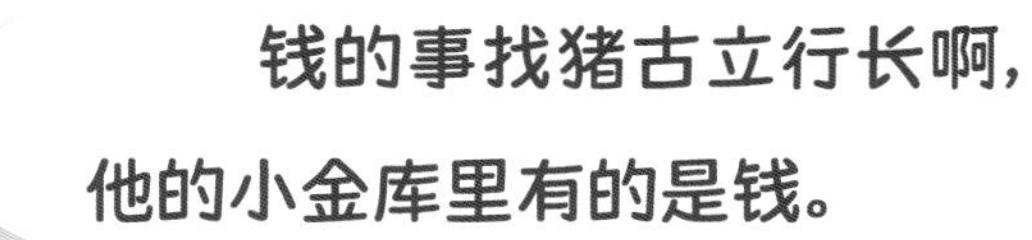

“那可不是我自己的钱，我要对客户负责。如果水电站这个项目的风险太大，我是断然不能同意的。”猪古立一把推开跳跳，他在工作上从不开玩笑。

“风险是有，但水电站的技术已经相当成熟了，我们可以充分调研后再行动。”力哥耐心解释，“其实，金沙河上游的地形非常适合修建水电站。”

“建水电站对我们自己乃至全村都是有帮助的。如果全村通过这项决议，资金的问题我来想办法。”猪古立想通过自己的力量为家乡做些实事。

村民大会
议题：
建造水电站

经过激烈充分的讨论，全体村民最终通过了修建水电站的决议。

从目前的情况看，修建水电站可以根本解决家家户户用电难的问题，而且集中供电也比每家每户发电来得安全。

水电站如期开工。工程队在金沙河上游筑起大坝，在水坝上安装了巨型发电机。

完工后的水坝拦截住河水，水库初具规模。

水电站利用水库产生稳定的压力，带动发电机输出源源不断的电力，再通过电线输入家家户户。

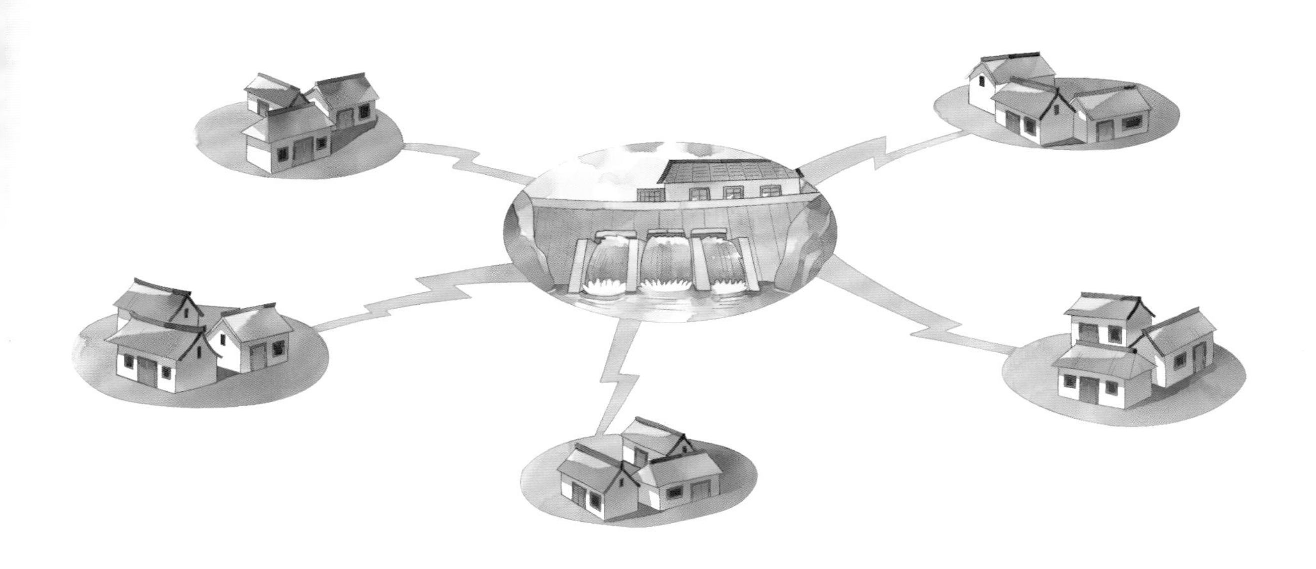

雨水期，水库蓄积上涨的河水；到了枯水期，再把存水放出来。这样既能保证水电站一年四季的用水需求，还可以保证河流的水位稳定，力哥的船队也不再受季节影响。

水电站顺利竣工。

在启动仪式上，力哥拉动闸门，普洱村和柑橘村从此告别了柴油发电时代。

水电站还改变了村民们的生活。因为供电充足，家家户户置办了家用电器，电视马上占领了每家的客厅。

夜晚，除了乘凉和聊天，全家人还能一起看电视。

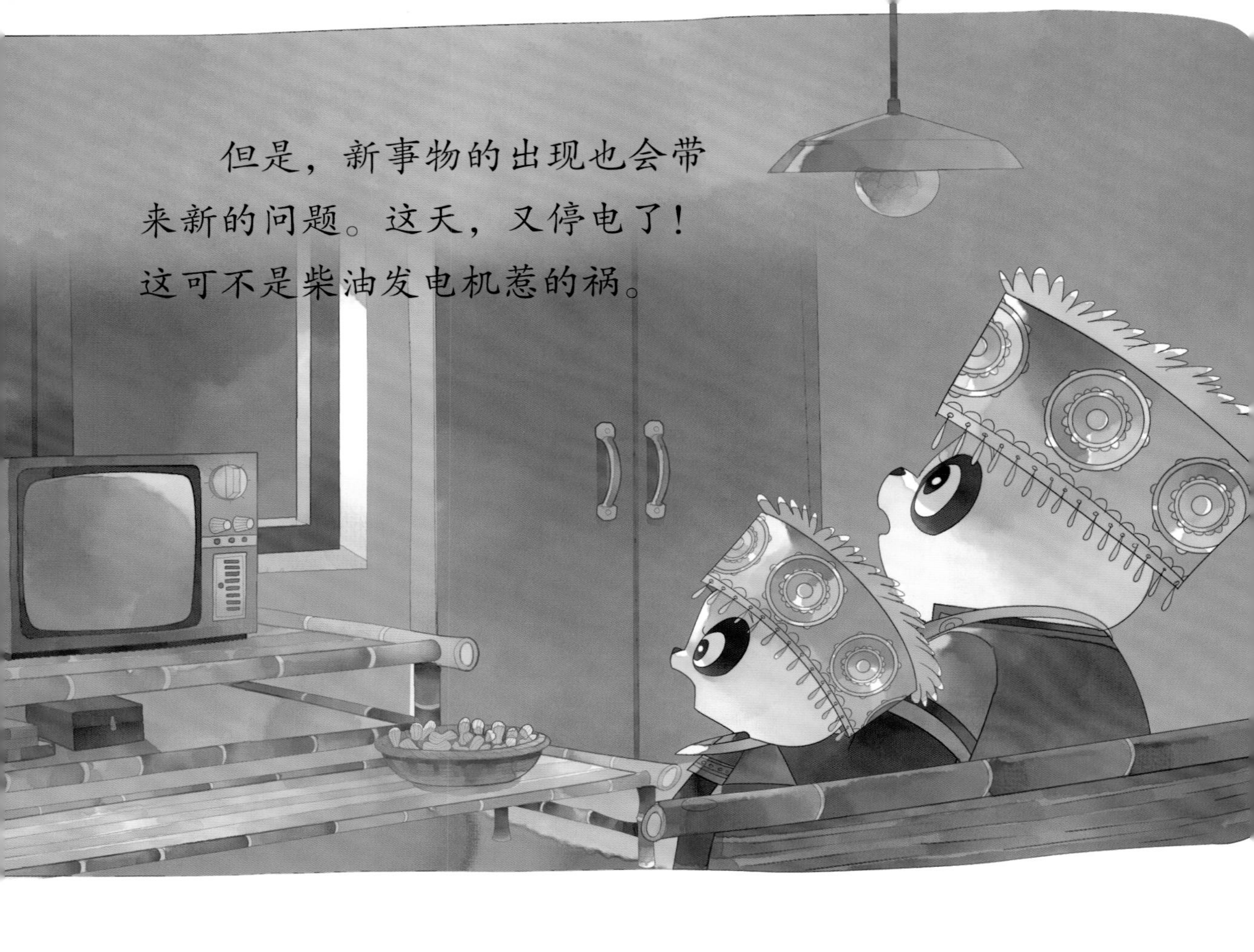
但是，新事物的出现也会带来新的问题。这天，又停电了！这可不是柴油发电机惹的祸。

别怕，妈妈还留着柴油发电机，一会儿就有电了。

是水电站出了什么问题吗？

原来，因为雨季的水流量过大，值班人员睡着了，没有及时调整转换器的速度，发电机超载失灵了。据说维修至少需要一周的时间呢。

你个小毛猴懂什么？谁知道后面还会不会有更大的问题？

我虽然不懂技术，但我知道不能因为出现问题就倒退回去。

吵是吵不出来办法的。大家心平气和，一起想想该怎么办吧。

其实谁都不想再回到柴油发电，但是又想不出来什么好办法。

力哥想到一个主意，让发电机摆脱人工操作，改用自动控制设备，但是这意味着要投入更多的钱。

力哥的提议全票通过。

就这样,发现问题,解决问题,办法总比问题多。

水电站进行了全面的技术升级，采用电子控制和人工监测双保险的方式管理，大大提高了运行的稳定性。

普洱村和柑橘村告别了经常停电的时代，享受到了科技带来的光明和便利。

普洱村
美美

柑橘村
果果屋
西西
自行车厂

知识银行

家庭独立发电最大的优点是出了问题不会影响他人，但这种方式既麻烦又低效，而水电站的出现彻底改变了村民们的用电方式。由于水电站的供电影响到所有家庭和商户，为了使运营安全可靠，水电站配备了专业技术人员，并采用了自动控制的新技术。

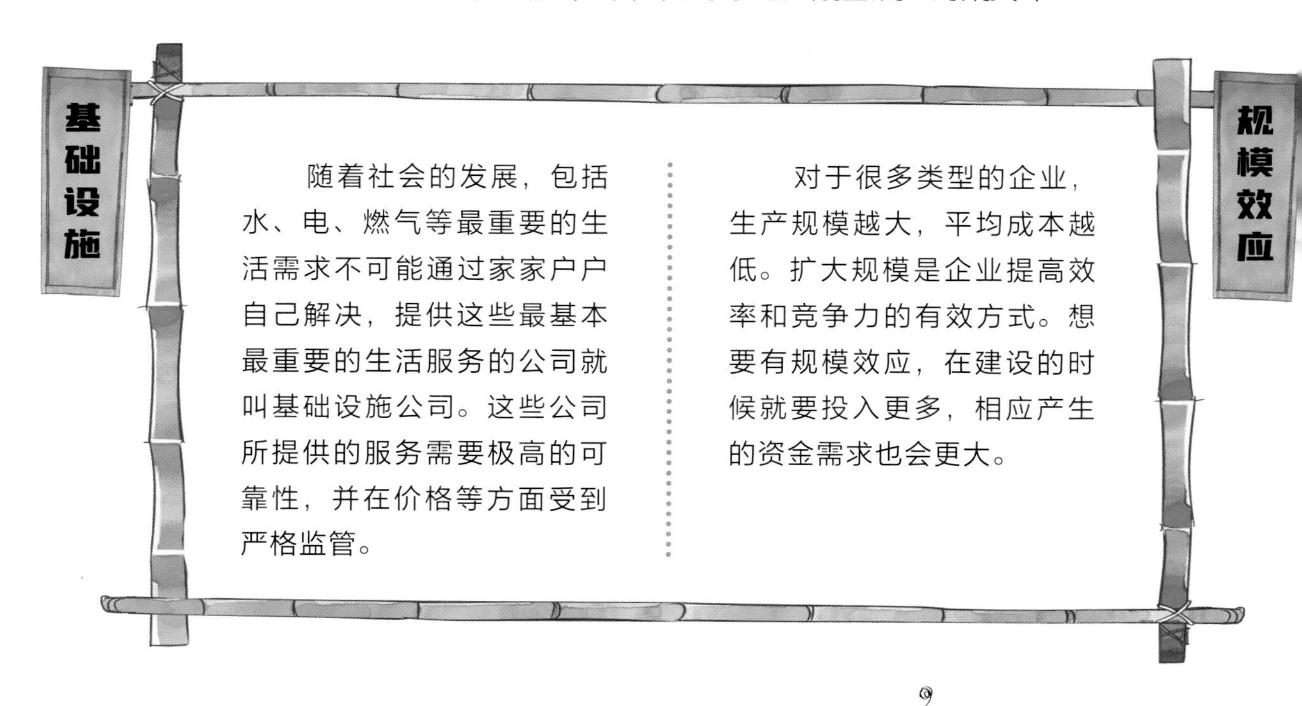

基础设施

随着社会的发展，包括水、电、燃气等最重要的生活需求不可能通过家家户户自己解决，提供这些最基本最重要的生活服务的公司就叫基础设施公司。这些公司所提供的服务需要极高的可靠性，并在价格等方面受到严格监管。

规模效应

对于很多类型的企业，生产规模越大，平均成本越低。扩大规模是企业提高效率和竞争力的有效方式。想要有规模效应，在建设的时候就要投入更多，相应产生的资金需求也会更大。

在故事中，每户家庭利用自家发电机满足自家用电需求的发电模式属于分布式供电。如右图所示：

利用水电站集中向每户家庭供电以满足其用电需求的发电模式属于集中式供电。如右图所示：

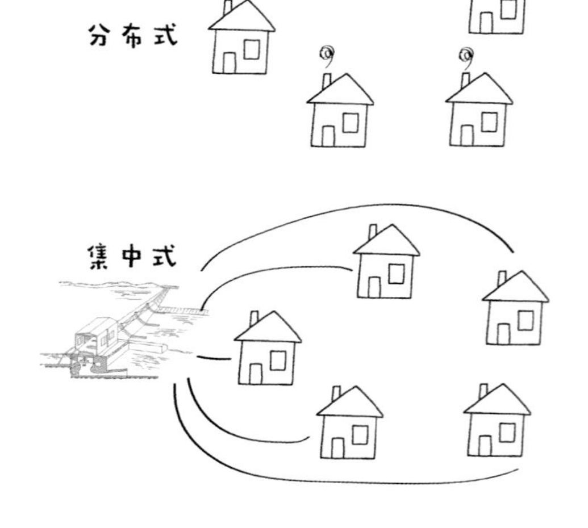

会讲故事的经济学

搁浅的“金牛号”

羊东 著　图德艺术 绘

智者千虑终有一失，
出了大问题怎么办？

新华出版社

金沙河静静流淌，小水花尽情欢唱，力哥站在“金牛号”船头感慨万千。家乡的变化太大了，水电站稳定了河流，他用银行贷款扩大了船队规模……每天都有新鲜的事物出现，未来在向他招手。

船顺着河道缓缓行进。突然，水牛力哥看见有几个孩子在河里嬉戏打闹。

孩子们却不以为意，没有一点儿想躲避的意思。

眼看航船就要撞上去了……

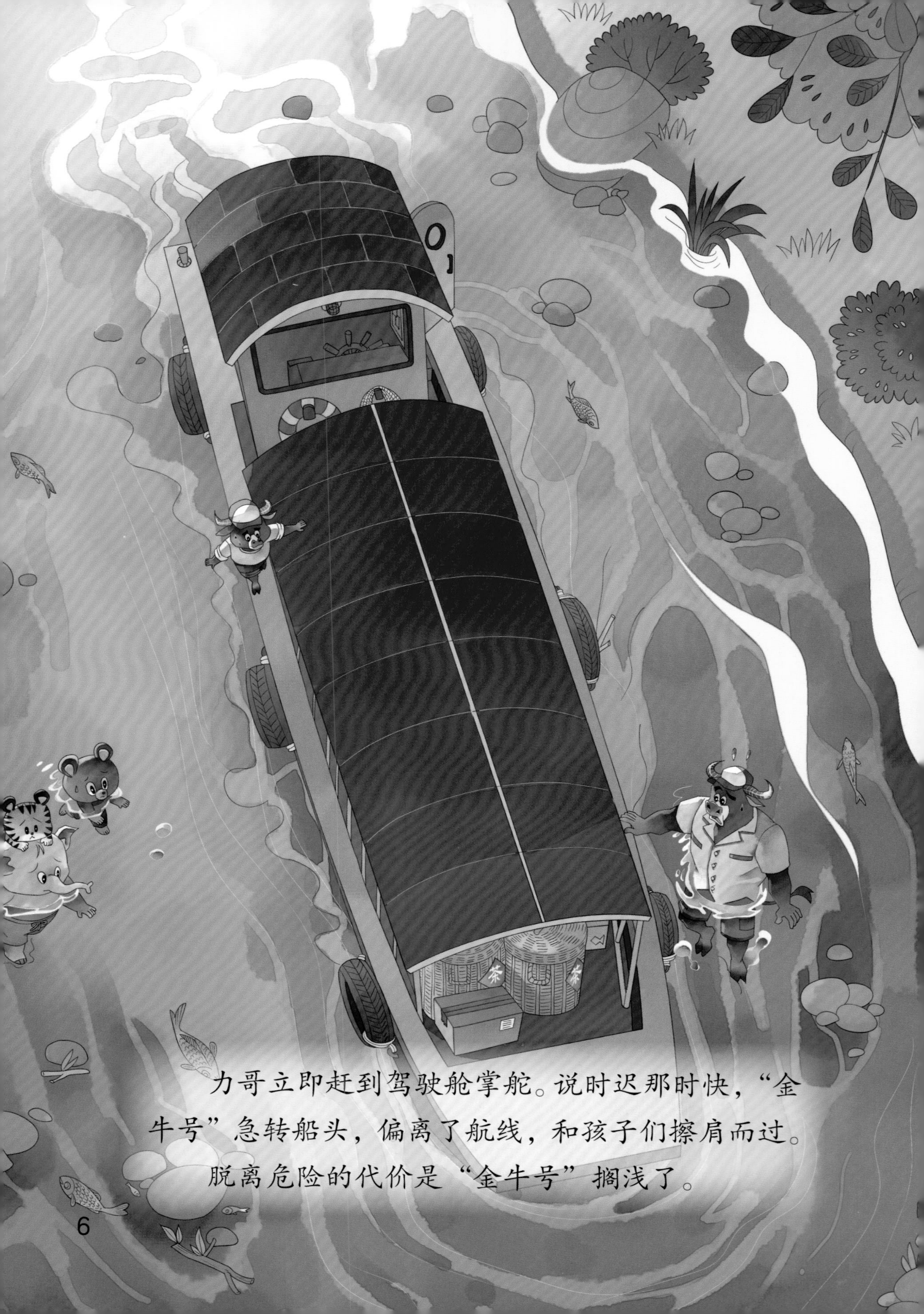

力哥立即赶到驾驶舱掌舵。说时迟那时快，“金牛号”急转船头，偏离了航线，和孩子们擦肩而过。脱离危险的代价是“金牛号”搁浅了。

力哥马上意识到问题的严重性。“金牛号”的航行第一次遇到这么大的麻烦。

刚才情况紧急，由于转弯太快太猛，船身陷入泥沙，动弹不了。好在船体没有受到大的损坏。

当务之急是挪开“金牛号”，保证河道的通畅。

力哥和托托在前面拉，几个孩子在后面推。他们使出了九牛二虎之力，可是“金牛号”依然纹丝不动。

水电站的建成让金沙河的水流平缓了许多，与此同时，河两岸淤积的泥沙也更多了。

力哥知道凭他们几个再怎么卖力，也拖不动“金牛号”。

“别急，上船歇歇，攒攒力气。”力哥虽然心里着急，但不想让孩子们也跟着急。

上了船，大家才知道船上运的货以生鲜为主，甜心橙、鲜花、蔬菜、冰鲜鱼……

迪仔家是卖鱼的，他看到那箱鱼心里凉了半截儿，他知道如果不能尽快把船拖出来，这箱鱼就会发臭。

力哥当然想到了最坏的可能。

如果“金牛号”被困在这儿，这船货坏的坏、烂的烂，损失会很惨重。

更麻烦的是，“金牛号”是力哥从银行贷款买下的，只有运完货才能拿到货款还贷款，一天不还贷款，就要多付一天利息。

如果还不上贷款，不仅会拖累领航贸易，而且以后再向银行贷款也困难了。

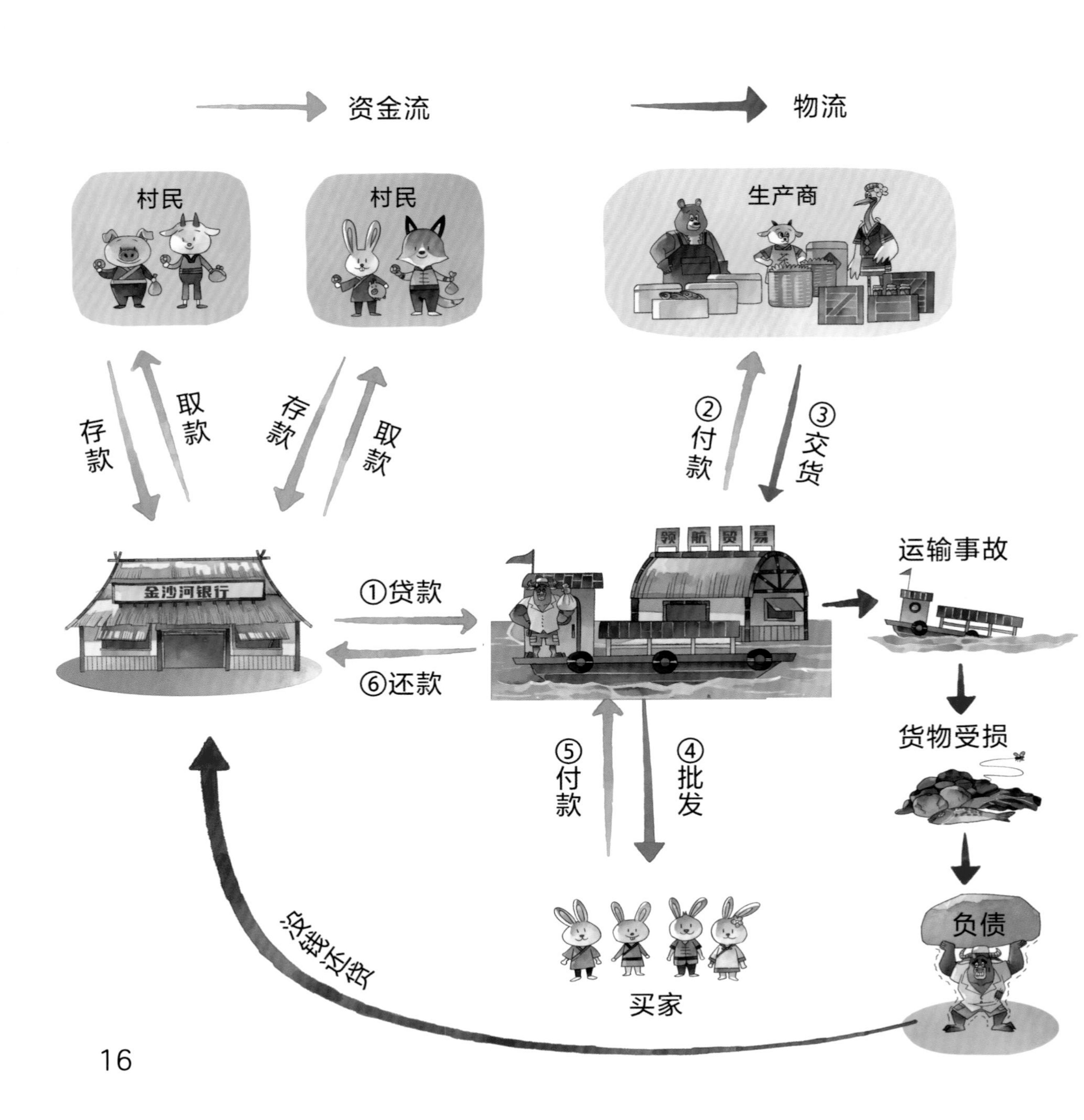

“要是能下场大雨就好了。”托托看着晴朗的天空，难过地哭了起来。

“水库能开闸放水吗？水位上涨后，船就能浮起来了。”小虎的这个主意可以试试。

现在是夏天，水库储水充足，开闸放水对于水库和发电站都不会有太大影响。

孩子们抢着去水电站传信，希望能将功补过。

水电站在金沙河的上游，离船只搁浅的位置还有很远的距离。力哥写好信交给孩子们，他要留下来应对突发情况。

直到夕阳西下，三个孩子才气喘吁吁地跑了回来。大家听说力哥有了困难，都想过来帮帮忙。

夜幕降临，星星点灯，金沙河在星空下流向远方……力哥放松不下来，他时刻关注着水位的变化。

午夜时分，金沙河的水流声越来越急。水位升高了！“金牛号”浮了起来。力哥将“金牛号”驶出了浅滩。

大家总算松了一口气。

“金牛号”终于平安靠岸了。

力哥没有责怪孩子们，但孩子们的家长心里过意不去，第二天就去了力哥家，向他赔礼道歉。

这次航行虽然有惊无险，但力哥觉得事关重大，不可掉以轻心。“如果这船货真的出了问题，我可赔不起啊。”力哥想想都后怕。

“赔钱事小，这事引发的连锁反应后果不堪设想。”象朵朵也为力哥捏把汗。

“如果能保证货物安全，多出些运费也是值的。”熊爸认为破财免灾也不错。

“多交钱就能万无一失吗？”虎小哈认为钱不是这么花的。

“关键是看这钱怎么用。若把多交的这部分钱有效利用起来，万一真出了什么事，这笔钱就可以用于赔偿。这样一来，交易双方都有了保障，等于给生意上了保险。”力哥认为这和银行的贷款利息有些像。

大家都同意投保险是个好办法。

于是，金沙河互助保险公司成立了。

猪古立出任保险公司的第一任总经理。

力哥首先给自己的公司投了保险，他的客户也纷纷给自己的货物投了保险。这样一来，货运全程有了保障，大家都安心了。

金沙河互助保险公司

普洱村茶厂

即使是久经沙场的力哥，也有失手的时候。这一天，他搬货的时候手一打滑，一箱茶叶掉进了金沙河。

一箱普洱茶泡了水，再好的茶叶也报废了。

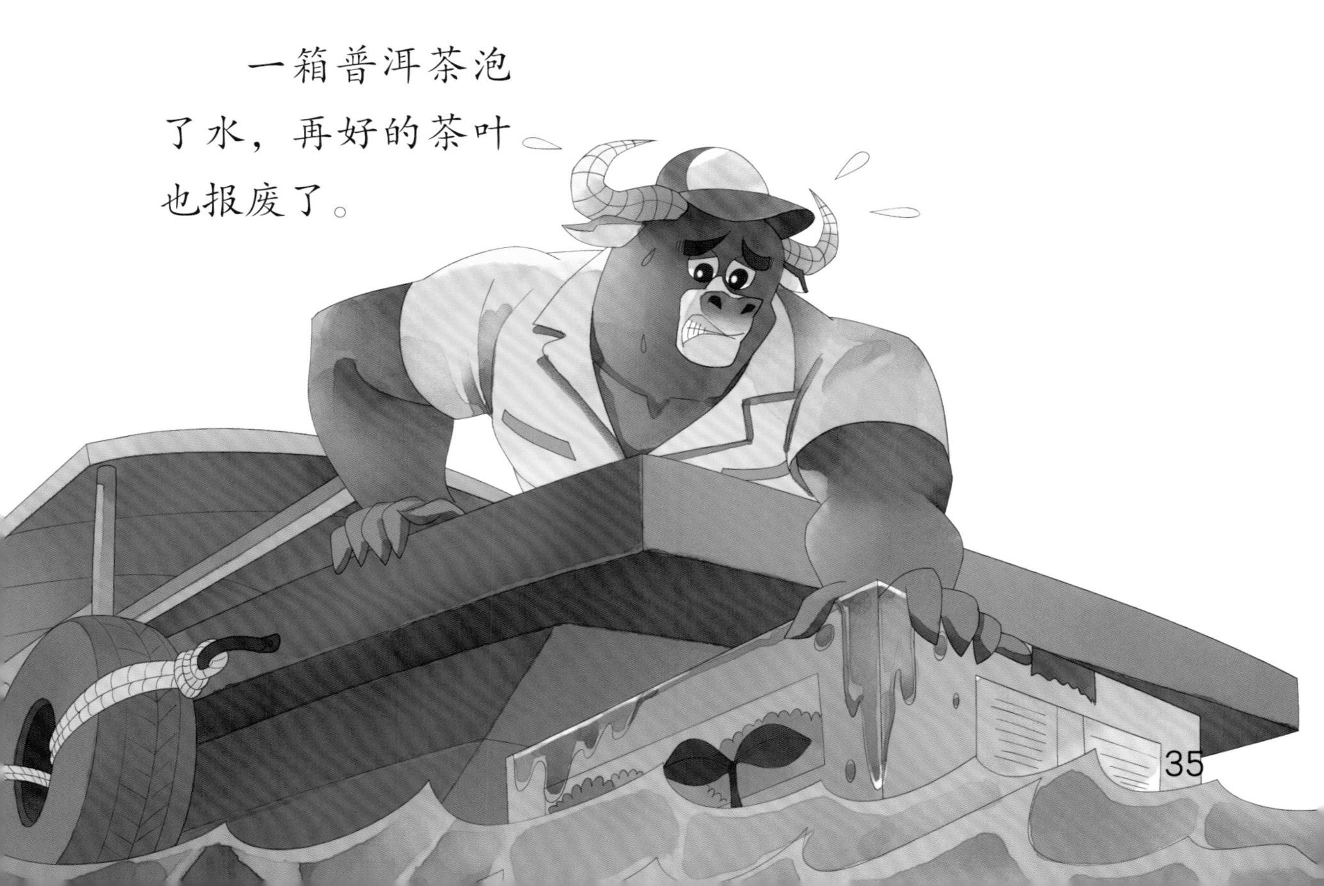

这时候保险的好处就体现出来了。货运记录显示茶叶是投过保险的，也就是说，这箱茶叶的损失由保险公司承担。

力哥长吁了一口气。保险公司在一定程度上为交易双方解除了后顾之忧。

普洱村

柑橘村
果果屋
西西
自行车厂

一次有惊无险的航行让水牛力哥明白了运输过程中存在不可预测的风险。为了化解这种风险，保险应运而生。

保险原理

保险是人类社会中最伟大的金融创新之一。通过多人多次投保，保险公司把单次风险分解为多人多次，也就是说把风险从时间和空间上进行了分解。同时，保险公司通过保费收入积累起雄厚的资金，并通过投资进一步扩大资金规模。在出险的时候，保险公司按照合约对投保人进行赔付。一家运营良好的保险公司需要做好以下几件事情：

对承保的风险作出合理预测；

对保险资金的回报作出合理预测；

根据上述预测制定保险价格。

可以看出，统计学知识的深入应用和长期客观理性的心态对保险公司来说是至关重要的。

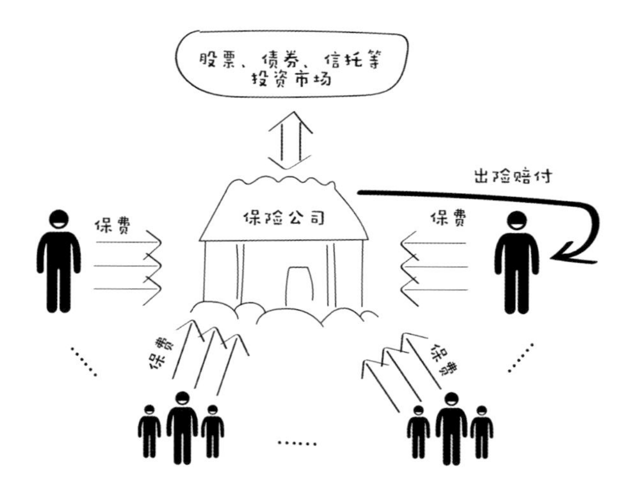

保险公司运营流程图

会讲故事的经济学

桃花岛上的大酒店

羊东 著　图德艺术 绘

开家大酒店，
就会有客人来吗？

新华出版社

春天的桃花岛，桃花朵朵开；秋天的柑橘村，甜心橙挂满树梢；普洱村的茶树则四季常青……走在乡间的小路上，每一步都是一道风景。

福

淡淡的花香、果香飘在空中。争奇斗艳的玫瑰和郁金香，酸甜爽口的蓝莓、草莓和树莓……好像不管你撒下什么种子，这片土地都能孕育出芬芳的花朵、甜美的果实。

水路开通后，水牛力哥的船总会带来几位背包客。背包客热爱探险，每一片未曾踏足过的土地都是他们的“新大陆”。

桃花岛、柑橘村和普洱村还没有完全开放，吸引的游客并不多。对于偶尔到来的背包客，阿珊都会热情接待。

这天，水牛力哥的船队回来得晚，村子里只有力哥的家人还亮着灯等他。热情好客的力哥把船上的背包客小鹿一家邀请到自己家里。

玫瑰花饼
米粉
米粉

因为没想到有这么多客人，力哥和家人只能准备一些简餐来招待小鹿一家。蘑菇米线配丽花辣酱、玫瑰花饼配普洱茶，都是村里的特产。

力哥家的房间有限，小鹿和托托住一间房，鹿爸和鹿妈住一间房。为了第二天的旅程，他们今晚需要睡个好觉。

你们这儿为什
么没有旅店呢?

“像你们这样的游客也不多。”托托从来没想过这个问题。

“这里的名气越来越大，以后游客会越来越多的……哈欠……”累了一天的小鹿翻个身睡着了。

托托却睡不着了，他耳边一直回响着小鹿的话。托托跟着力哥走南闯北，见过不少世面，也住过旅店……那么，自家开个旅店行不行呢？

第二天，托托就把自己琢磨了一晚上的事儿说给爸爸听。

力哥听了很高兴：“好儿子，挺有想法的嘛。你有没有想到开旅店能接待多少客人呢？除了住宿，还要提供餐饮服务吗？”

托托回答不出来，毕竟他的想法还没那么成熟。

鹿爸认为这不是问题，他有个主意：“过几天托托跟我们回城，我朋友是开酒店的专家，托托可以跟他学习。等托托把想要了解的问题搞清楚了，我们再送他回来。”

托托兴奋得睡不着觉，他利用这几天的时间学习了有关旅店经营的资料，准备好向酒店专家咨询的问题，他觉得这样离自己的想法越来越近了。

终于到了出发的那一天，
托托满载着自己的梦想启程了。

大酒店的经理河马强很喜欢托托，夸他人小志气大，随即马上带他参观起来。

五洲大酒店

这家酒店共有300个房间，还设有一家中餐厅和一家西餐厅，为客人提供一日三餐。

早餐是自助式的，为了方便客人自由就餐。有的客人赶时间，吃完就能走；有的客人想休息，可以坐下来慢慢吃。

客人的午餐、晚餐可以选择中餐厅或西餐厅。河马强告诉托托，酒店的餐厅不怎么赚钱，这点托托不能理解。

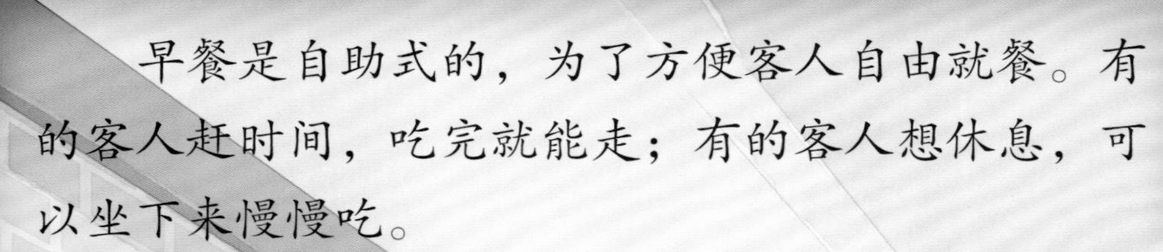

酒店的二楼到四楼是客房。客房的规格以标准间为主，房间不大、布置简洁，空间利用得很充分，每处细节都考虑到了客人的需要。

“刚才我说酒店不靠餐饮赚钱，是因为住宿费才是酒店的主要利润来源。酒店建成后，房间需要每天清洁、整理，平均一个服务员负责十个房间。”河马强的介绍让托托意识到开酒店可没自己想的那么简单。

“谢谢您的指导。”托托真心感谢河马强，“回去后，我也想开家旅店，到时候肯定还要向您请教。”

“哈哈，没问题，我也想在你们那儿开家酒店呢！”河马强不经意透露了一条劲爆消息。

“啊？”托托十分震惊，“那您还教我开旅店？”

“你的旅店和我的酒店不是竞争关系，大酒店赚钱的秘诀在于连锁经营。”河马强安慰托托。

“连锁经营？”托托还是摸不着头脑。

“我的大酒店在全国有100家连锁店，有很多会员，也就有相对稳定的客源。大部分游客在出发前，都会提前订好酒店，而我的大酒店有口碑、服务好、性价比最优，当然是游客的首选了。”

托托一听更傻眼了，有了大酒店，谁还会住他开的小旅店呢？本村的村民一定不会去，游客会预订大酒店，那他还开什么店呢？

河马强知道托托在想什么，他对托托说：“你可以加盟我们的连锁店，这样对你来说风险小，还能学到不少经验。”

托托这才有了笑脸。

河马强的大酒店在桃花岛开张了，托托先在大酒店做实习工作、积累经验，为自己的创业梦做充足的准备。

五洲大酒店

美美
普洱村

柑橘村
果果屋
西西
自行车厂

知识银行

背包客的来访使得小水牛托托产生了开旅店的想法。通过拜访大酒店经理河马强后，托托认识到了连锁酒店的竞争优势，自己也成为连锁酒店中的一员。

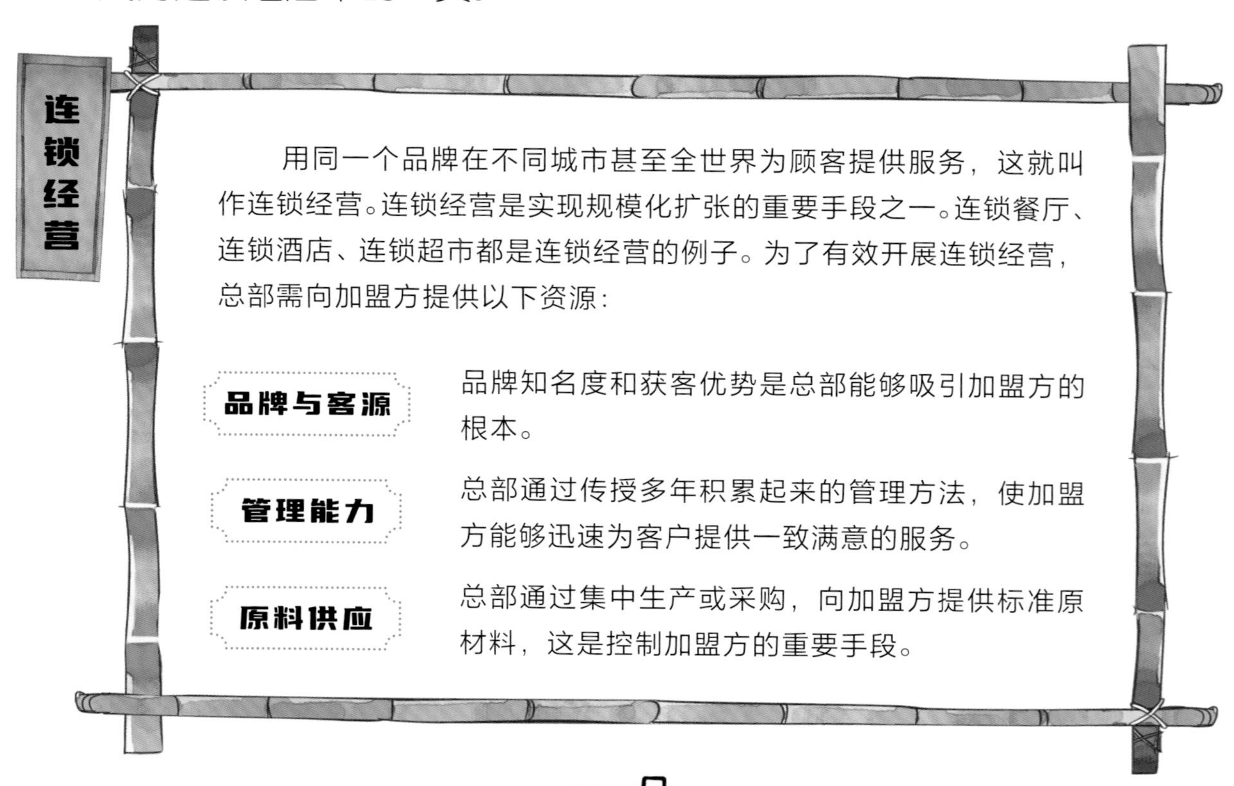

连锁经营

用同一个品牌在不同城市甚至全世界为顾客提供服务，这就叫作连锁经营。连锁经营是实现规模化扩张的重要手段之一。连锁餐厅、连锁酒店、连锁超市都是连锁经营的例子。为了有效开展连锁经营，总部需向加盟方提供以下资源：

品牌与客源 品牌知名度和获客优势是总部能够吸引加盟方的根本。

管理能力 总部通过传授多年积累起来的管理方法，使加盟方能够迅速为客户提供一致满意的服务。

原料供应 总部通过集中生产或采购，向加盟方提供标准原材料，这是控制加盟方的重要手段。

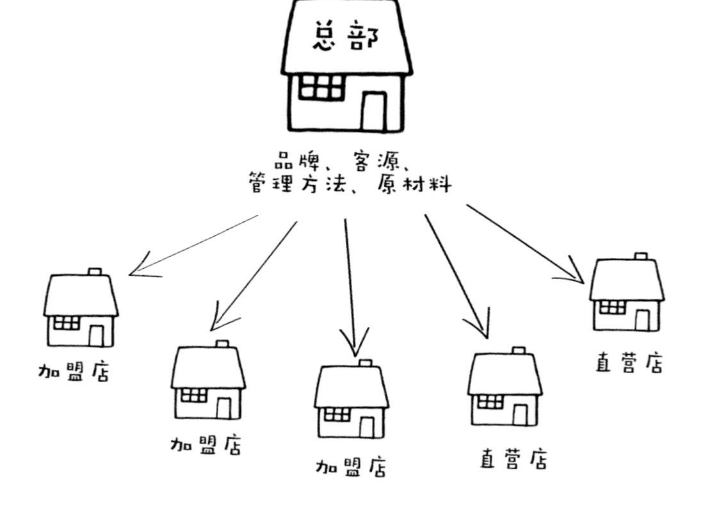

会讲故事的经济学

老对手的新商机

羊东 著 图德艺术 绘

新华出版社

普洱村在灿烂的阳光下闪闪发光，
猴跳跳和小伙伴们相约骑车去野餐。

骑行到山顶可是不小的考验，但登顶那一刻的成就感瞬间化解了所有的疲劳。天真蓝，他们仰望白云飘荡。

三个小伙伴共度了野餐时光，到了下山的时候，也不知是谁发起的，他们开始骑着车你追我赶。

赛车已经够危险了，猴跳跳还嫌不过瘾，他决定离开主路去挑战山路，所以告别了伙伴独自下山。

山路崎岖，路面颠簸，还隐藏着各种障碍物，跳跳骑着骑着整个车子就会腾空而起……但这正是他想挑战的原因，要的就是这种心跳的感觉。

就这样，跳跳骑着车“蹦蹦跳跳”地冲下了山。到山下后，他发现自己心爱的自行车被颠得快散了架：车链子掉了，车座歪到一边，前轮严重变形……

坑坑洼洼的山路对自行车造成了难以修复的损伤，跳跳心疼归心疼，但是回想从山顶冲下来的刺激，他的小心脏仍然兴奋地狂跳不已。

跳跳听说过有一种专为在山路越野而设计的自行车，叫山地车。它的零部件比普通自行车的结实，轮胎具有缓冲作用，车座、车架都做了避震设计，经得起颠簸，变速器可以调节速度，上山骑行能省不少力气。

心急的跳跳立刻去找水牛力哥，托他帮忙买一辆山地车。

普洱村的第一辆山地车让跳跳成了大明星。自行车不再仅仅是交通工具，山地车有很多新的玩法，骑山地车成了新潮运动。

猴跳跳学习了很多骑山地车的高难动作，没有经过训练，不可以随意模仿哟。

你的山地车太酷了！
跳跳，你不打算卖山地车吗？

有这个想法，不过我还要研究一下，真正搞清楚山地车的特点。

跳跳又补充道：“这是对你们负责。大家一起玩儿最重要的是安全。”

有了朋友们的支持，跳跳毫不犹豫地向力哥订购了十辆山地车的零部件。

与此同时，他对山地车的每个零件都做了细致的研究，对不同类型山地车的车况和不同路段的路况了如指掌。所以，他对山地车的生产胸有成竹。

山地车的组装难度更高，但是因为跳跳准备得充分，所以，第一批山地车的组装非常顺利地完成了。

第一批的十辆山地车虽然价格比普通自行车高很多，但还是被一抢而空。

月底结算时，跳跳发现十辆山地车的利润大大高于普通自行车的利润，这显然是一个商机。

怎么抓住商机呢？跳跳招募并培训新员工，创建了一条独立的山地车生产线。

“飞毛腿”这个名字是给普通自行车的，山地车应该有个更酷的名字。

他想起冲下山坡时风驰电掣的感觉，好比哪吒脚踩风火轮，还有哪个名字比“风火轮”更适合他的山地车呢？

新的商机就是新的挑战。跳跳一心扑在新的生产线上，山地车的产量逐渐超过了普通自行车的产量，而自行车厂的主要利润几乎都来自山地车。

现在，跳跳的山地车成了热议话题，西西也有所耳闻。

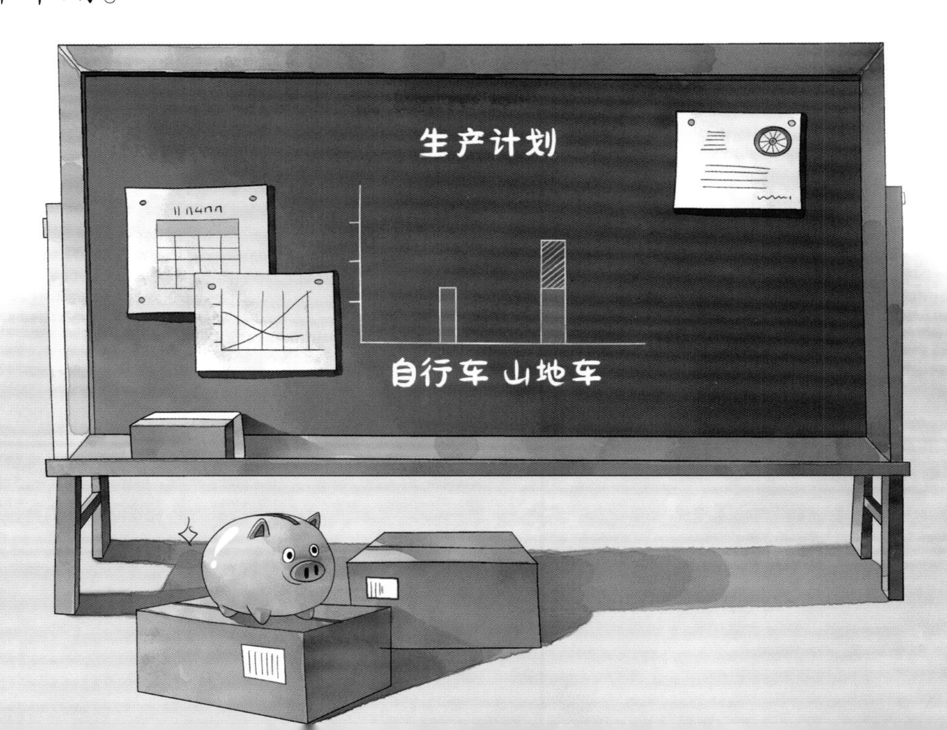

跳跳的老对手西西这次怎么没动静呢？

其实西西一直在暗中观察，他发现风火轮山地车吸引的主要是年轻人，飞毛腿自行车的减产反而提高了西西店里自行车的销量。

一天，猪古立看见西西在悠闲地喝果汁，一点儿也不为自行车生意着急。

西西，你怎么不和
跳跳抢山地车的市场呢？
猪古立好奇西西为什么这次这么冷静，上次和
跳跳的自行车大战可是打得如火如荼。
我没打算进军山地车市场。
!?

没打算进军山地车市场？猪古立更想知道为什么了。

西西脸上划过一丝笑意，他已经吊足了猪古立的胃口：“上次我和跳跳之间的价格战打下来，我们都没赚到钱。如果这次我俩还继续打价格战，结果仍然会是两败俱伤。”

“现在跳跳开辟了山地车市场，而我专心做普通自行车市场。我们的产品形成了差异化，顾客分流了，彼此之间的竞争也没那么白热化了。”西西分析得头头是道。

山地车
普通自行车
普通自行车
跳跳的山地车与西西的普通自行车形成了差异竞争。
山地车
普通自行车
普通自行车
跳跳扩大山地车生产，降低普通自行车产量，突出特色。
山地车
普通自行车
跳跳生产山地车，退出普通自行车市场。跳跳和西西和平共处。
我觉得这样挺好的。跳跳做山地车越做越顺，形成他自己的特色，没必要还跟我抢普通自行车的市场。

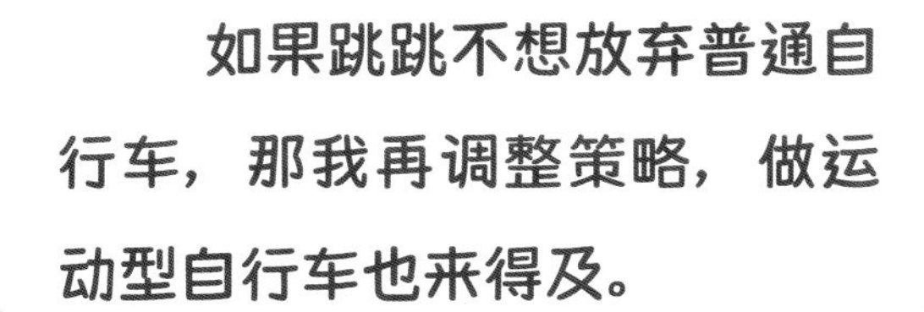

利润博弈表

“0”代表不赚钱，“1”代表赚钱

西西＼跳跳	山地车	普通自行车	都生产
山地车	0 0	* 1 1	1 0
普通自行车	* 1 1	0 0	1 0
都生产	0 1	0 1	0 0

考虑到各种可能性，只有在“*”的格子里，大家才有可能觉得公平合理，都有利润。

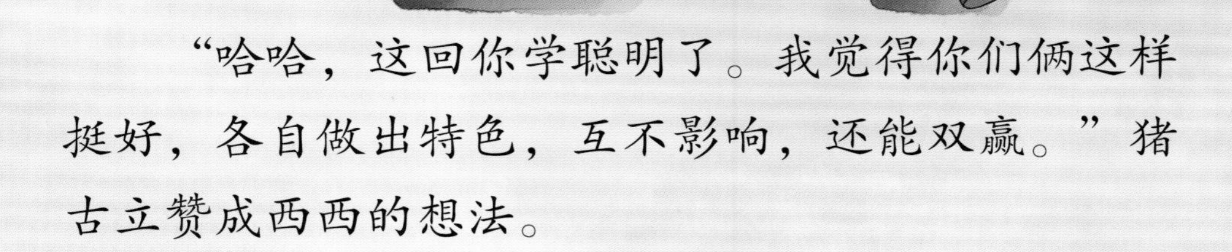

“哈哈，这回你学聪明了。我觉得你们俩这样挺好，各自做出特色，互不影响，还能双赢。”猪古立赞成西西的想法。

很快，西西打出“代步好伙伴”的自行车广告宣传，他是想告诉跳跳，自己只做普通自行车，对山地车没兴趣。

看到西西的广告，猴跳跳也明白了西西不想进军山地车市场，没多久就停止了普通自行车的生产。

现在的跳跳已经成为山地车的专业骑手，他不断改进山地车的设计，提高骑行性能，还组织了“风火轮环山赛”，让山地车运动有了更多的爱好者。

1
2
3

而西西专注于普通自行车的生产和改进，同样拥有一批稳定的客户群。

差异化的良性竞争使得普通自行车和山地车都有了各自的发展。

普洱村

柑橘村
果果屋
西西
自行车厂

知识银行

猴跳跳作为山地车的发烧友，试验性地生产山地车，并开始与狐狸西西错位竞争，而聪明的西西则继续生产普通自行车。两个竞争对手最终实现了产品的差异化，达到了双赢。

差异化竞争

如果产品或服务和对手的没有显著差异，就会陷入残酷的价格战。寻找差异化是绕开残酷竞争的一个好办法。

博弈过程

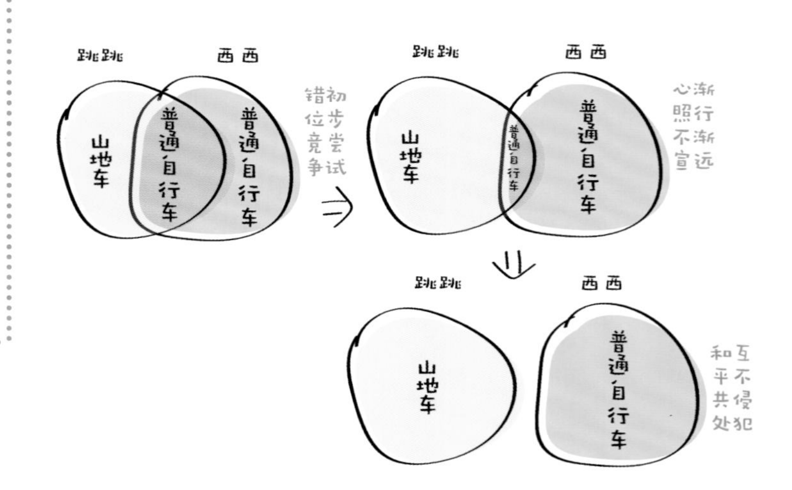

博弈论

博弈论是研究如何相互竞争的学问。诺贝尔奖获得者约翰·纳什所创立的纳什均衡就是博弈论中的重要理论。这个故事展示了博弈论中的重要思维方式，也就是要从对方的角度思考，向前展望，倒后推理。

纳什均衡

西西 \ 跳跳	山地车	普通自行车	都生产
山地车	0 0	1 1	1 0
普通自行车	1 1	0 0	1 0
都生产	0 1	0 1	0 0

“0”代表无收益，“1”代表有收益，阴影区域是双方都可接受的，这就是纳什均衡。

会讲故事的经济学

向日葵的启示

羊东 著　图德艺术 绘

灵机一动与
奇妙组合
会带来什么？

新华出版社

太阳给大地带来能量，但是只有阳光远远不够。今年的雨水格外少，普洱村和柑橘村缺少雨水的滋润。烈日当头，村民们的心里却仿佛笼罩着乌云。

他们知道，没有雨水，橘子树不能挂果、茶树日渐枯萎，今年的收成会大受影响。

除了干着急，村民们也想不出什么好办法。

猴跳跳看在眼里，急在心上。干旱这样持续下去，受灾面积不可想象。

今天又是一个大晴天，跳跳忧心忡忡地看着窗外，他从来没有像现在这样渴望过一场雨。

突然，跳跳发现路边有一棵与众不同的向日葵。

别的向日葵都“蔫头耷脑”的，唯独这棵“昂首挺胸”。这是为什么呢？

他跑到跟前一看，发现这棵向日葵下面的泥土居然是湿润的。

跳跳刨开地面，下面露出了自来水管。

多亏村里引入的“饮水工程”，让家家户户都用上了自来水。

经过仔细观察，跳跳发现水源来自水管的接缝处。原来这棵向日葵靠水管漏出的水补充了水分。

这个意外的发现启发了跳跳：如果用这个办法灌溉橘子树和茶树，是不是也行得通呢？

村里有水电站，用水泵把金沙河里的河水引出来并不难。

困难的是怎样把河水引流到坡地。而且，若主要靠河水浇灌，耗电量巨大不说，长久下去，金沙河也有被抽干的风险。

但是，如果采用这种“渗水式”浇灌，是不是既可以解决引水问题，又能大幅降低耗水量呢？

跳跳决定试一试自己想的办法。

他找来一根长长的橡皮管，在管子上扎出大小均匀的小孔。

接下来，他把管子的一头接到屋里的水龙头上，另一头封死，然后打开水龙头。水从小孔里喷了出来！试验结果让跳跳有了信心。

跳跳没有急于公布自己的发现，他决定再试验两天。

在这两天里，他又发现了一些问题。

水管上的小孔不能太小，不然水压太大会撑爆水管；

孔也不能太大，否则水柱的喷射距离不够，还很费水。

跳跳不间断地进行试验，方案越来越完善。这种通过压力把水喷到空中，用散成的水雾灌溉作物的方法叫“喷灌”。

第二天，跳跳开始实地测试。他把水管运到离河边最近的橘子林坡地旁。

听说跳跳想出解决干旱问题的办法，大家都赶来一探究竟。

听完跳跳的讲解，村民们齐上阵，把水管沿坡地铺进橘子林，水管的另一头接到水泵上。

跳跳打开阀门，细细的水流从喷孔中喷出。“喝”到水的橘子树开始伸展枝叶，精神焕发。比橘子树更“开心”的是村民们，他们笑得合不拢嘴，对跳跳交口称赞。

为了保险起见，大家决定先用这个方法试验一个星期，如果这期间没有出现新的问题，就可以扩大推广范围。

经过几天的试验，问题真的出现了：从喷孔喷出的水越来越少，因为喷孔被堵住了。

由于大家没能及时想出解决喷孔堵塞的办法，第二天，水管因承受不了水压而发生爆裂，河水喷涌而出。

村民们经过仔细检查，发现是河水中的泥沙堵塞了喷孔。要过滤掉河水中的泥沙可不是一个小工程。

就在大家一筹莫展的时候，狐狸西西把跳跳拉到一边商量："有没有可能在坡顶修个蓄水池，让河水在蓄水池中沉淀一段时间，那样的话，水中的泥沙自然沉到池底，喷孔就不会被堵啦。"

水
泥沙
山

西西这个主意太及时了！不过，接下来还需要大家的力量。

虎小哈站出来说：“跳跳的试验已经成功了一半，咱们再给他一些时间改进，大家辛苦点儿，配合跳跳的计划。”

只要大家齐心协力，再大的困难也能克服。

跳跳邀请西西和他一起做改进方案。

在大家的共同努力下，蓄水池建成了！
村民们还在蓄水池的池底做了专门的防渗漏处理。

从金沙河里抽上来的河水会在蓄水池里沉淀两天，经过专门的过滤器过滤后，再通过水泵把水送入喷灌管中。这样，就能保证喷灌管中的水源干净清澈，另外，水泵也可以调节水压。

引入
河水
沉淀
泥沙
池水
过滤
喷灌
抽河水
水池沉淀
过滤器过滤
皮管喷灌

经过两周的实地测试，村里的喷灌系统终于成功建成了。现在村民们不用苦等自然降雨，而是可以根据土壤的干燥程度来控制橘子树和茶树的“饮水量”了。

美美
普洱村

柑橘村
果果屋

知识银行

猴跳跳在花园中不经意的观察，让他想到了浇灌植物的好办法。在狐狸西西的帮助下，两个小伙伴经过反复试验，终于研制出了喷灌设备，解决了村里土地干旱的问题。

观察力与好奇心

很多发明都源于发明者对身边事物的好奇心或者对用户行为的观察。猴跳跳就是看到一棵挺拔的向日葵，产生了强烈的好奇心，通过刨根究底，最终找到了向日葵生长得与众不同的原因。

想象力

乔布斯曾经说过，创造就是把已经存在的不同事物重新组合在一起。在故事中，猴跳跳把河水、水泵、橡皮管、小孔联系到一起，创造出喷灌设备的原型。

反复试验

新事物被创造出来以后，会出现很多意想不到的问题。面对这些问题和挑战，需要不断调整、反复试验。就像猴跳跳和狐狸西西在遇到喷灌管堵塞爆裂的问题后，没有放弃，而是研究设计了蓄水池、增添了蓄水池的过滤设备、改进了方案。我们身边的产品其实都是经过不断迭代、持续进步才有了现在的样子。

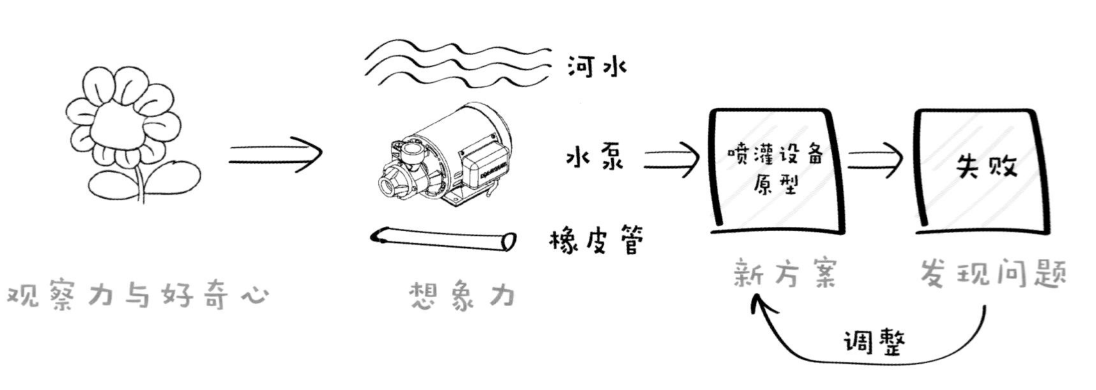

会讲故事的经济学

周末的自助餐

羊东 著　图德艺术 绘

新华出版社

到了周末，普洱村和平日里有什么不一样？

狐狸西西给自己放了一天假。他来到美美快餐店吃午饭。

正值午餐高峰时间，快餐店里排起了队。

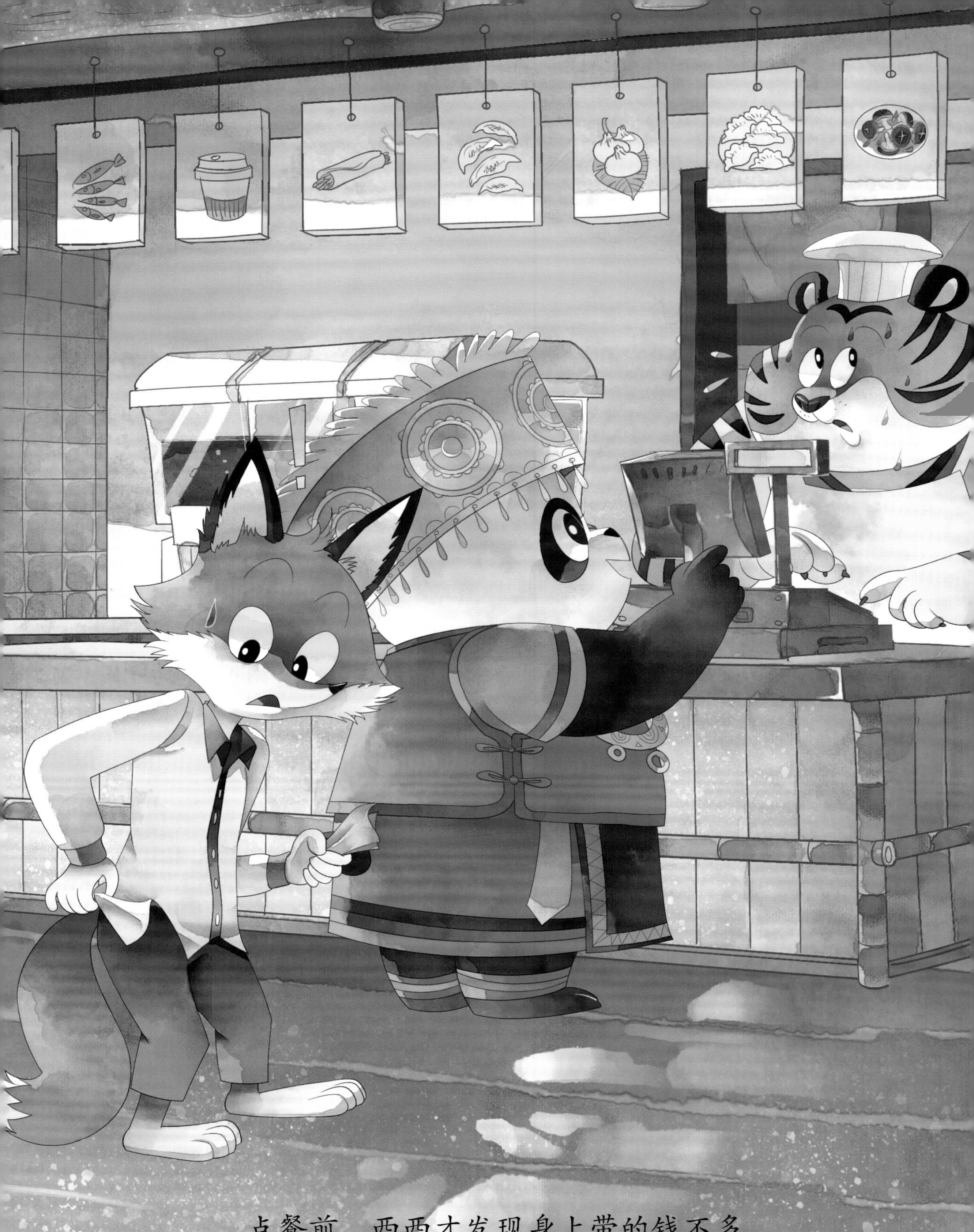

点餐前，西西才发现身上带的钱不多。

“稀客啊，想吃点什么？”虎小哈好久没见西西了。

看着琳琅满目的菜单，西西有些拿不定主意：“好吃的太多了，每样都想尝尝，可是我带的钱只够买一份菜……”

“那就每样都来点儿，我只收你一份菜的钱。”虎小哈太善解人意了。

“哈哈，那我就不客气了。”西西接受了老朋友的好意。

虎小哈亲自给西西端来选好的菜。看着满满一盘自己想吃的菜，西西连声道谢，虎小哈打哈哈：“别谢了，周末顾客特别多，而我们人手不足，忙得四脚朝天，我都没时间好好招待你。”

西西忽然灵机一动："如果让顾客自助选菜，想吃什么自己取，吃多少取多少，这不是更方便吗？你也不会忙成这样了。"

“方便是方便，”虎小哈挠挠头，“不过，这样怎么收钱呢？”

“周末自助大餐统一定价，服务时间内吃饭不限量。你想啊，周末大家不赶时间，来你店里吃一两个小时也是个不错的休闲方式。”西西说得滔滔不绝，虎小哈听得津津有味。

“随便吃？这么吃我们的小店还不得亏本？”虎小哈没明白这是一笔什么账。

“就用我今天吃的举例吧，一次吃好几样菜比只吃一样菜贵点儿是合理的，顾客可以接受。”西西的生意经头头是道。

“那我们试试以平时的客流量和消费金额记录为基础，推导出平均价，再找几个店员试一下饭量会增加多少，定一个合理的价格。”美美快餐店的历史数据给虎小哈吃了定心丸。

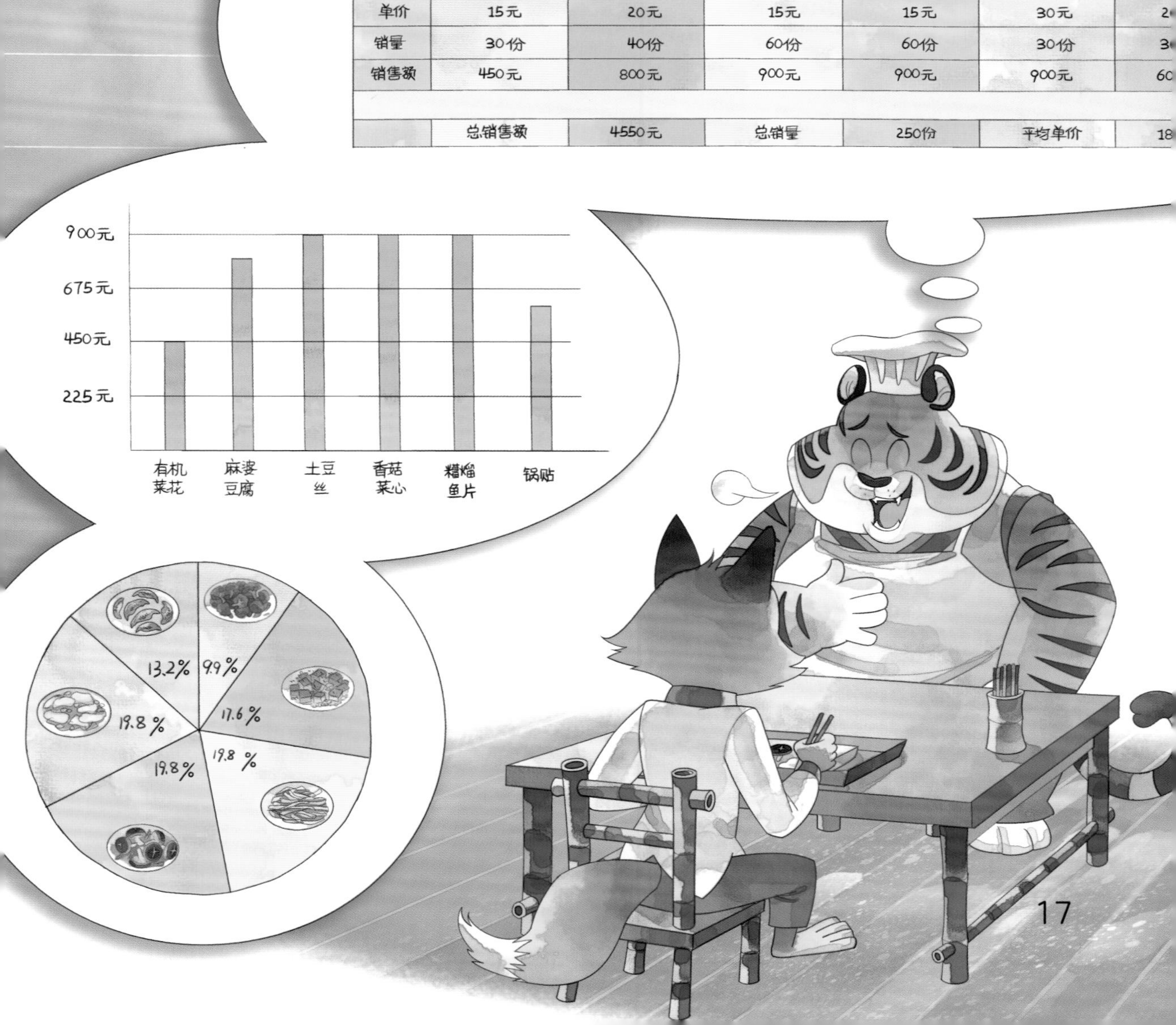

	有机菜花	麻婆豆腐	土豆丝	香菇菜心	糟熘鱼片	锅
单价	15元	20元	15元	15元	30元	2
销量	30份	40份	60份	60份	30份	3
销售额	450元	800元	900元	900元	900元	60
	总销售额	4550元	总销量	250份	平均单价	18

自助餐和快餐各有优势，但对于顾客来说都是方便快捷的选择。虎小哈和猪古立为自助餐紧锣密鼓地筹备起来，看来这个周末大家有口福了。

自助餐的广告早早地就打出去了。大家都怀着好奇又期待的心情想来尝尝自助餐到底是什么餐。

真的吃多少都行吗?
尽享周末时光

虽然自助餐的价格比单点快餐的价格高，但是大家想到可以随便吃，还是觉得很划算。

红鹤阿公的“食力”惊人，他端来的一盘盘食物把面前的餐桌都摆满了，他觉得花了钱哪有不痛快吃的道理？

虎小哈被红鹤阿公的吃法吓到了。不管冷的热的，方的还是圆的，红鹤阿公一律往嘴里塞。

吃着吃着，红鹤阿公突然连声喊“哎哟”。原来他吃得太急，又吃得太多，把自己的胃撑得受不了了。

“您这么吃会伤身体。”老山羊医生劝红鹤阿公别再吃了。

“选择自助餐是为了吃得更好、花样更多，您总想着把钱吃回来可不对，吃坏了身体更亏。”迪仔知道阿公的心结在哪儿。

“是这个道理，再好吃的东西也不能玩儿命吃。”还好红鹤阿公醒悟得快。

“下周还是别搞什么自助餐了，客人吃出问题来咱们负不起责。再说这么经营下去，咱们的店得赔本关张。”虎小哈打起了退堂鼓。

“不会赔本的。”猪古立查过资料，心里有数，“顾客吃多吃少符合正态分布，吃得很多和吃得很少属于两个极端，都是少数，大多数处于中间地带。只要顾客不少于20位，就会符合概率分布规律。咱们定好价格，盈利就有保证。”

果然，周末自助餐结束后，虎小哈和猪古立一算账，利润和预估的非常接近。

精选自助
美美快餐店

从此，自助餐成了美美快餐店在周末的固定活动。因为菜式丰富、价格合理，老人和孩子还享受半价优惠，所以携老扶幼来吃自助餐成为不少家庭度周末的方式之一。

小熊迪仔的生日快到了，熊妈妈小声提醒熊爸爸，熊爸爸忙不迭地问:“迪仔，你想怎么过生日啊?

小熊迪仔早早就准备好了，他拿出宣传单给爸爸妈妈看，他希望在自己的生日那天用攒的零花钱请亲朋好友吃自助大餐。

到了生日派对这天，快餐店的里里外外为迪仔的生日布置一新，虎小哈还上台表演魔术活跃气氛呢。

生日派对的高潮当然是迪仔吹蜡烛的那一刻，等他许完愿睁开眼睛，出现在眼前的是他向往已久的船模，它寄托了大家对迪仔的生日祝福。

就这样，每到周末，美美快餐店的自助餐让普洱村老少会聚一堂，共度快乐时光。

普洱村
金沙河银行

柑橘村
果果屋
西西自行车厂

美美快餐店周末人手不够，狐狸西西的一个建议让虎小哈产生了做自助餐的想法。通过对以往客户数据的分析，加上统计知识的帮助，虎小哈和猪古立制定了合理的价格，自助餐厅成了村民周末聚会的好场所。

客户反馈

优秀的公司都有良好的客户服务系统。通过此系统，用户的反馈能够及时传达给公司管理者。公司及时调整，不断进步，才能持续保持竞争力。

统计学原理

看似无序的事件在整体上会呈现出明显的规律，这些规律就是统计学的研究对象。统计学在质量检验、决策和预测中有着非常广泛的应用，它也是人工智能的重要理论基础。

高尔顿实验是用来研究随机现象的模型：实验如右图所示，从漏斗掉落的小球会遇上一系列排列成三角形的“钉子”。每当小球从正上方下落到一个“钉子”上时，它总是会有50%的概率跑到左边，50%的概率跑到右边。在经过数次这样随机的“左右选择”之后，小球掉落到下方的格子中。在落下多个小球后，它们的分布非常有规律，很像一条看似钟形的曲线。

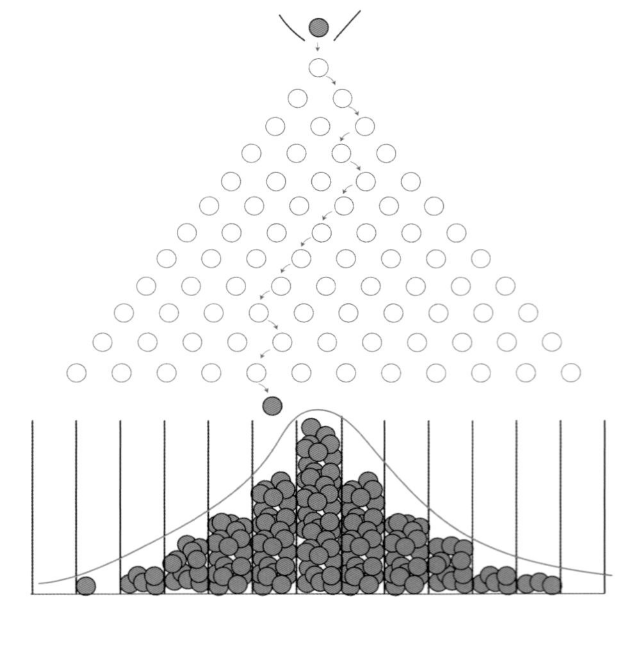